von Georg Menting
November 2009

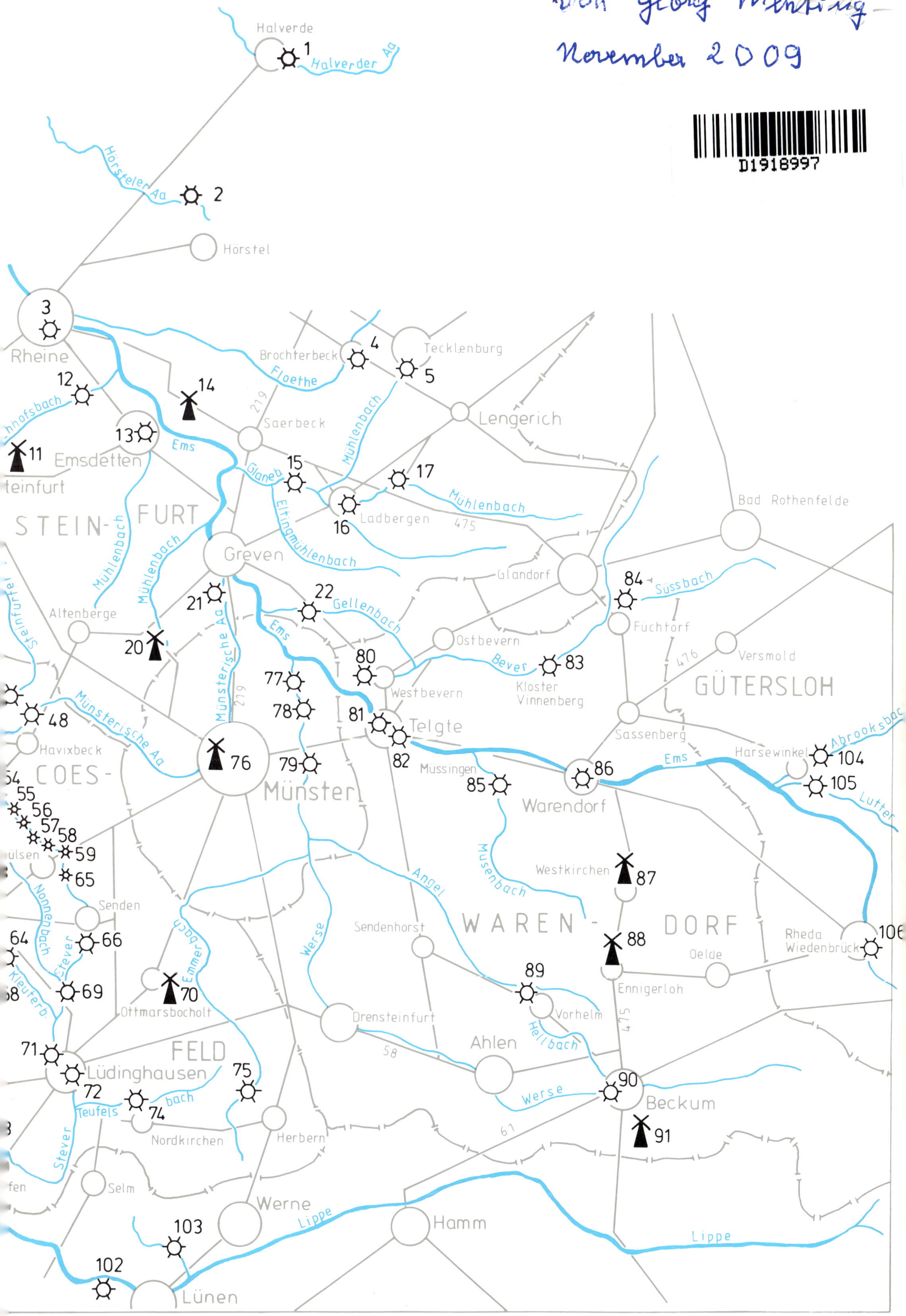

Alois Schwarz · Bernhard Fritsche

Alte Mühlen im Münsterland

Alois Schwarz · Bernhard Fritsche

Alte Mühlen im Münsterland

Seine Wind- und Wassermühlen in Bildern und Beschreibungen

Aschendorff Münster

Die Autoren

Alois Schwarz, 1914 in Münster geboren, arbeitete nach dem Studium an der damaligen Staatsbauschule als Bauingenieur. Zuletzt leitete er die Halterner Werke der Quarzwerke GmbH. Als Pensionär konnte sich Schwarz ganz der Heimatforschung widmen und arbeitete neben anderen Aufgaben auch als Pressereferent im Heimatverein Sythen mit. Aus seiner Feder stammen zahlreiche Artikel in Tageszeitungen und im Vestischen Kalender. Maßgeblich war er an dem 1980 erschienenen Buch „Sythen - Landschaft, Geschichte, Brauchtum" beteiligt. Die Mitarbeit an der Restaurierung der Sythener Mühle war der Anstoß zu seinem Buch „Alte Mühlen im südwestlichen Münsterland" (1983). Dessen Erfolg führte zu diesem jetzt vorliegenden, auf das ganze Münsterland und seine Randgebiete erweiterten Mühlenbuch.
Anschrift: Heitken 6, 4358 Haltern-Sythen

Bernhard Fritsche, 1954 in Ahaus geboren, ist Maschinenbautechniker. Er betreibt seit vielen Jahren Photographie und gibt auch regelmäßig in der Volkshochschule Photokurse mit dem Schwerpunkt Laborarbeit. Über die Photographie kam er zur Denkmalpflege und befaßte sich besonders auch mit Mühlen. Seine Bilder von Mühlen und anderen Motiven aus dem Münsterland veröffentlicht er durch Ausstellungen und Lichtbildervorträge. Fritsche leitet die Fachgruppe „Denkmalpflege" im Heimatverein seines Heimatortes Wüllen und ist Mitglied in der „Deutschen Gesellschaft für Mühlenkunde und Mühlenerhaltung e. V." sowie in der „Mühlenvereinigung Niedersachsen/Bremen e. V.". - Beide Autoren würden sich freuen, wenn Mühlenfreunde ihnen zu diesem Buch schreiben würden.
Anschrift: Breslauer Straße 14, 4422 Ahaus

Die Bilder auf dem Einband zeigen die Quantwicker Windmühle in Ahaus-Wüllen (vorne)
und die Wassermühle von Haus Langen an der Bever (hinten).
Auf den Titelseiten II und III ist die Lonnekermolen bei Enschede abgebildet.
Auf dem hinteren Vorsatzpapier sieht man die Inneneinrichtung
der Wassermühle D'n Haller in Diepenheim (Holland).

2., völlig neubearbeitete und erweiterte Auflage
Die 1. Auflage von Alois Schwarz erschien 1983 unter dem Titel
„Alte Mühlen im südwestlichen Münsterland"
im Eigenverlag des Heimatvereins Sythen.

Buchausstattung Gerd Mattheis

Gesamtherstellung: Druckhaus Aschendorff, Münster, 1991

ISBN 3-402-05265-2

Inhaltsverzeichnis

Vorwort

Am Dorfrand von Sythen, einem heutigen Ortsteil von Haltern, steht eine mittelalterliche Wassermühle, die früher zum ehemaligen Schloß gehörte.

Bis 1954 ließen hier noch die Bauern und dörflichen Selbstversorger ihr Korn mahlen. Dann nahm der Eigentümer die von der Mühlenindustrie ausgelobte Stillsetzungsprämie für Kleinmühlen an, schickte seinen Müller in Pension und überließ die Mühle sich selbst. Ende der siebziger Jahre war das Holzwerk morsch und der Abriß stand bevor.

Eine von den Sythener Bürgern durch Eigenleistung, Geld- und Sachspenden getragene Rettungsaktion konnte im September 1981 abgeschlossen und das renovierte Mühlengebäude in einer Feierstunde vom Bürgermeister in die Obhut des örtlichen Heimatvereins übergeben werden. Beim festlichen Umtrunk wurde viel von dem früheren Leben und Treiben in der Mühle erzählt.

Das war der Anstoß zum Sachbuch von Alois Schwarz „Alte Mühlen im südwestlichen Münsterland“. Die Mühlenfotos stammten von Erich Schibath und Rolf Behlert stellte Farbdias der münsterländischen Mühlenlandschaft zur Verfügung.

Die Erstausgabe erschien im Herbst 1983 im Eigenverlag des Heimatvereins Sythen, der auch den Vertrieb übernahm. Da alle Mitarbeiter auf Vergütungen verzichteten, konnten die Erlöse zum Weiterausbau der Mühle verwendet werden. Die Auflage mit 2000 Exemplaren war rasch vergriffen.

Von vielen Seiten wurden wir ermuntert, eine weitere Ausgabe folgen zu lassen und nicht nur die Mühlen des südwestlichen Münsterlandes, sondern des ganzen Münsterlandes zu besprechen. Die Aufgabe erschien reizvoll und der Hobbyfotograf Erich Schibath, der Rentner war wie ich, war begeistert dabei, die schöne Parklandschaft des Münsterlandes mit dem Wagen oder dem Fahrrad zu durchstreifen und die zum Teil versteckt liegenden Wasser- und Windmühlen zu suchen, zu fotografieren und ihre Geschichte zu erkunden.

Da es keine Liste mit den alten Mühlen im Münsterland gab, mußten wir uns mit der Karte in der Hand von Mühle zu Mühle durchfragen. Obwohl wir uns die neuesten Straßen- und Wanderkarten im Maßstab 1 : 50 000 besorgt hatten, waren die eingezeichneten Kartenzeichen für Standorte von Wind- und Wassermühlen sehr veraltet. Manche Anlagen waren schon vor Jahrzehnten abgebrochen, andere noch vorhandene oder sogar renovierte Anlagen nicht in der Karte eingezeichnet. Trotzdem hat uns die Suche nach den Mühlen viel Freude gemacht.

Wir lernten das Münsterland und seine Menschen von der schönsten und besten Seite kennen. Überall wurden wir freundlich aufgenommen und bereitwillig erzählten die Mühlenbesitzer und die Müller von ihrer Mühle, ihrer Technik und der Geschichte ihrer Zeit.

Von ihnen erfuhren wir auch von benachbarten Mühlanlagen, die wir noch nicht kannten und übersehen hatten.

Auf den Fahrten durch das Münsterland trafen wir den Hobbyfotografen und Mühlenfreund Bernhard Fritsche aus Wüllen bei Ahaus, der uns wertvolle Hinweise gab und hervorragende Mühlenfotos für das Buch zur Verfügung stellte.

Obwohl der Entwurf des Buches 1986 fertig war, verzögerten Krankheit, der plötzliche Tod von Erich Schibath, die Suche nach einem geeigneten Verlag und neue Arbeiten am Manuskript die Drucklegung für längere Zeit.

Das Buch kann naturgemäß keine Bestandsaufnahme aller noch vorhandenen Anlagen sein. So bitten wir jeden Mühlenfreund um Nachsicht und Verständnis, wenn gerade seine Lieblingsmühle fehlen sollte.

Haltern/Ahaus, im Frühjahr 1991

Alois Schwarz
Bernhard Fritsche

Vereistes Wasserrad.

Die Entwicklungsgeschichte der Mühlen

Die Idee der Kornmühle wird geboren

Als der Mensch in grauer Vorzeit mit seiner Horde als Jäger und Sammler dem jeweiligen Nahrungsangebot nachwanderte, wird er in klimatisch begünstigten Zonen sicher schon die Körnerfrüchte verschiedener Wildgräser als schmackhafte und sättigende Zukost kennengelernt und geschätzt haben. Zum Zerkleinern der frischen Körner brauchte der Mensch noch keine Mühle, ihm genügten seine kräftigen Zähne. Irgendwann wird er damit begonnen haben, für Zeiten mit geringerem Nahrungsangebot Vorräte anzulegen, und dazu eigneten sich Körnerfrüchte hervorragend. Durch Lagern wurden sie aber zum Zerkauen zu hart; darum hat er sie zwischen Steinen zerstoßen und zerquetscht. Mit der Zeit lernte der Mensch, besonders wenn er länger an einem Ort blieb und dieselben Steine mehrfach benutzte, daß harte Körner sich auf einem schwereren Unterstein mit einem beweglichen Oberstein besser zerreiben und zerquetschen ließen.

Damit war die Idee einer Handmühle zum Zerkleinern von Körnerfrüchten geboren.

Vom Sammler zum Ackerbauern

Im folgenden soll sehr vereinfacht und kurzgefaßt dargestellt werden, wie es kam, daß der Mensch sich vom Leben eines unsteten Sammlers zu dem eines seßhaften Ackerbauern umstellen mußte.

Der Mensch erlebte in seiner Entwicklungszeit mehrere gewaltige Klimakatastrophen. Eiszeiten (Glaziale) lösten sich mit dazwischen liegenden Warmzeiten (Interglaziale) ab, beide dauerten viele Jahrtausende. Zwar schob sich im letzten Glazial, der Weichsel-Eiszeit, die Gletscherdecke von Skandinavien aus nur bis Schleswig-Holstein vor; es bildete sich aber davor eine breite Frostzone, zu der auch das Münsterland gehörte. Tiefgründig bis über 200 m war der Boden dauergefroren.

Um 13 000 v. Chr. begann eine neue Warmzeit; langsam schmolz die Inlandeisdecke ab und der Gletscher zog sich zurück. Es dauerte aber noch 5000 Jahre, bis der Dauerfrostboden vollständig aufgetaut war und sich wieder erste Wälder bilden konnten. Diese Wende um 8000 v. Chr. nennen wir Beginn der „Jetztzeit" oder auch hoffnungsvoll Beginn der „Nacheiszeit".

In den Ländern um das Mittelmeer, in Vorderasien und in Nordafrika wirkte sich das letzte Glazial ganz anders aus als in Nordeuropa. Hier bildete sich bei bleibendem tropischen Klima eine regenreiche Zone, eine sogenannte Pluvialzone.

Der Reichtum von Pflanzen brachte den dort lebenden Menschen eine Fülle eßbarer Früchte und Wurzeln. Groß war auch die Zahl leicht zu erjagender Tiere und unermeßlich der Reichtum an Fischen und Krebsen in den Seen und Bächen.

Als Folge des Abschmelzens der Gletscherdecke im Norden blieb in der bisherigen pluvialen Zone der lebenbringende Regenreichtum aus. Der Grundwasserspiegel sank, Flüsse und Bäche versiegten, Bäume und Büsche verdorrten und trockener Sand überwehte die ehemals fruchtbaren Gebiete. Es entstanden Steppen und Wüsten, deren Entwicklung heute noch nicht abgeschlossen ist.

Die Entwicklung geschah keineswegs abrupt, sondern dauerte einige tausend Jahre. So war zum Beispiel die riesige Wüste Sahara in der „Frühen Wärmezeit" (Boreal 6800 bis 5500 v. Chr.) ein grünes, mit Bächen, Flüssen und Seen reich gesegnetes Land.

Durch die Versteppung und Wüstenbildung wurden den Menschen allmählich die Lebensmöglichkeiten entzogen. Sie zogen sich in die verbliebenen Oasen und fruchtbaren Flußtäler zurück.

Aber auch hier reichte das Nahrungsangebot bald nicht mehr für alle aus. Neue Nahrungsquellen mußten erschlossen werden: Die Menschen lernten den Ackerbau und domestizierten Pflanzen und Tiere. Besonders erfolgreich wurde der Anbau von Getreidesorten, die aus den Körnerfrüchte tragenden vielfältigen Gräsern gezüchtet wurden.

Vom Wildgras zum Getreide

Die Heimat der Zerealien (das ist der botanische Name für die Getreidearten, die von den verschiedensten Wildgräsern abstammen) sind die wasserreichen Quellgebiete der Hochlande in Kleinasien, Zentralasien, Nordafrika und Äthiopien.

Der *Weizen* ist das wichtigste Brotgetreide. Er braucht günstiges Klima und guten, kalkreichen Boden. Die meisten der vielen Zuchtformen stammen von der „Zweikorngruppe" ab, die als Wildform in Äthiopien zu Hause war. Die „Einkorngruppe" stammt aus dem Bereich vom Balkan bis zum westlichen Iran. Der „Emmerweizen" war als Wild-

Getreidefelder.

Gerste im Regen.

gras in Nordmesopotamien, Jordanien, Osttürkei, Persien, Syrien und Palästina zu Hause. In Deutschland bevorzugte man zum Anbau früher den Dinkelweizen (Grünkern), da diese Sorte sehr widerstandsfähig ist und keine allzu hohen Klima- und Bodenansprüche hat. Die Heimat des Wildgrases von Dinkel ist Kleinasien.

Die *Gerste* gehört ebenfalls zu den ältesten Kulturpflanzen. Die Wildform war weitverbreitet von Anatolien bis nach Afghanistan und vom Kaukasus bis nach Arabien. Gerste wurde hauptsächlich zur Herstellung von Grütze und Graupen gebraucht, vor allem aber zum Brauen von Bier. Darum wurde Gerste schon von den Babyloniern und zur Zeit der Pharaone in Ägypten geschätzt.

Der *Roggen* gedeiht auf allen Böden, ist aber die klassische Getreidesorte für leichte Böden und verträgt kühles Klima. Als sich im 8. Jahrhundert v. Chr. das Klima im Münsterland wesentlich verschlechterte, stellten sich die damaligen Bauern auf Roggen als Saatgut um. Die Wildgrasform stammt aus Kleinasien, wurde aber dort als Kulturform kaum angebaut.

Die *Hirse* wird heute in allen klimatisch günstigen Ländern angebaut. Die Heimat der Wildform ist Zentralasien. In Mörsern geschält und gestampft ergibt gekochte Hirse einen bei den Naturvölkern beliebten Brei. „Hirsebrei" kommt auch in vielen deutschen Erzählungen und Märchen vor. Das ist ein Zeichen, daß auch bei uns früher Hirse angebaut wurde, ehe die Abneigung gegen die Breinahrung einsetzte.

Der *Hafer* ist in Zentralasien und in Afrika beheimatet. Er verträgt in seiner kultivierten Form Kühle und Feuchtigkeit und wurde oft als erste Frucht auf das Neuland entwässerter Moore angebaut. Pollenanalysen weisen auf den Anbau von Hafer seit der Bronzezeit (1700 bis 1200 v. Chr.) hin und noch heute sind die Haferflocken in Familien mit Kindern sehr beliebt. In der Pferdehaltung ist Hafer als Kraftfutter unentbehrlich.

Der *Buchweizen* gelangte mit den Arabern und Tartaren nach Europa. Die Heimat der Wildpflanze ist Kleinasien. Trotz des irreführenden Namens ist der Buchweizen kein Getreide (bot. Zerealie), sondern ein Knöterichgewächs (bot. Polyginum). Die krautige Pflanze wird 30 bis 60 cm hoch und blüht rot-weiß. Die Früchte sind bucheckernartig dreikantig zugespitzt und eignen sich, fein zu Grütze geschrotet, hervorragend zu den münsterländischen Spezialitäten Panhas und Buchweizenpfannkuchen. Als Feldfrucht ist der Buchweizen anspruchslos und mit sauren und sandigen Böden zufrieden. Der Anbau ist aber sehr aufwendig, denn die Pflanze ist frostempfindlich und die Körner reifen nicht gleichzeitig. Dadurch entstanden hohe Ernteverluste. Die Bauern im Münsterland stellten um die Jahrhundertwende die Bestellung der Äcker mit Buchweizen ein.

Die Wiege des Getreideanbaus

Wo und wann zuerst mit dem Anbau von zu Getreide geeigneten Wildgräsern begonnen wurde, wird wohl nie geklärt werden können. Die Archäo-

Weizen.

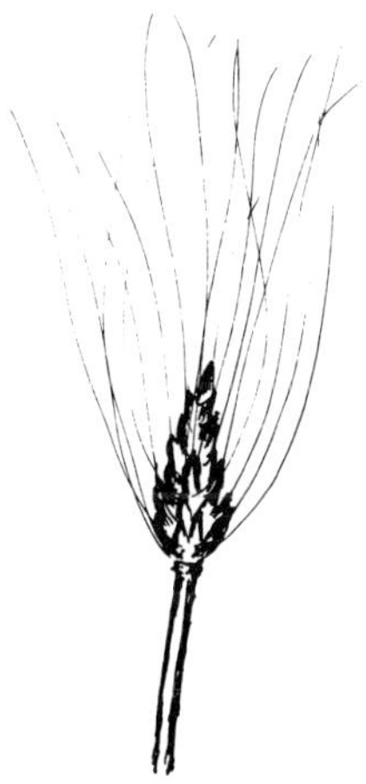
Emmer-Weizen.

Zwerg-Weizen.

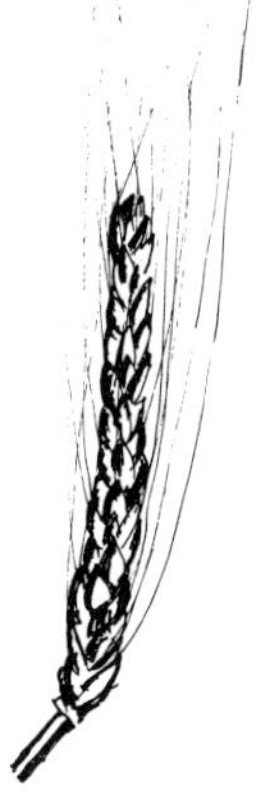
Gerste.

Roggen.

Fahnenhirse.

Kolbenhirse.

Hafer-Sperrispe.

Buchweizen.

logen vermuten, daß zum mindesten der Schwerpunkt des Ackerbaubeginns in Mesopotamien, dem heutigen Irak liegt. In diesem fruchtbaren Land um Euphrat und Tigris fanden sie Nachweise für den Anbau von Emmerweizen, Einkornweizen und Gerste und konnten diese Funde mit Hilfe der Radiokarbonmethode in die Zeit um 7000 v. Chr. einordnen. Der Boden in diesem Zweistromland war so ertragreich, daß er bei guter Bewässerung ohne Düngung zweimal im Jahr reiche Ernte brachte. Während der Zeit der alten Königreiche bestand ein wohlfunktionierendes Bewässerungssystem, das spätere Generationen dann verfallen ließen.

Auch reiche Funde von Handmühlen beweisen den frühen Ackerbau in Mesopotamien.

Ägyptische Kornreiberin. Eine aus Kalkstein gefertigte Statuette, wie sie um 3000 v. Chr. als Grabbeigabe beliebt war.

Die älteste Handmühle zum Mahlen von Getreide

Während die in frühesten Siedlungen am Euphrat gefundenen kleinen Kornmühlen nach der C^{14}-Methode[1] um 7000 v. Chr. gebraucht wurden, fand man vor etlichen Jahren bei Ausgrabungen in der alten Stadt Jericho im Jordantal in der untersten Schicht des Schuttes, den in Jahrtausenden die verschiedenen Kulturen jeweils hinterlassen haben, neben Vorratsgruben für Körnerfrüchte auch zwei Handmühlen. Die Untersteine waren durch langen Gebrauch schüsselartig ausgeschliffen, die Obersteine waren handlich und kugelig. Die C^{14}-Bestimmung ergab für die Kulturschuttschicht, in der sie lagen, ein Alter von 7800 (± 200) Jahren v. Chr. Die Archäologen haben keinen Zweifel daran aufkommen lassen, daß es sich wirklich um Steine zum Zerquetschen von stärkehaltigen Körnern handelt. Nicht geklärt werden konnte, ob es sich bei den Vorräten um *gesammelten* Wildgrassamen oder um bereits geerntetes Getreide erster Ackerbauern handelte.

Die Kornkammer Ägypten

Der Getreideanbau und mit ihm das Wissen und Können der Getreidevermahlung wanderte von Kleinasien aus in benachbarte Länder. Um 5000 v. Chr. betrieben auch die Ägypter bereits den Getreideanbau. Bei Forschungsarbeiten wurden Abdrücke von Emmerweizen und Gerste in Tongefäßen, Brandreste von Körnern, Steinsicheln und Handmühlen gefunden. Die Fundstätten lagen aber nicht im Niltal, sondern in den hochgelegenen Gebieten, die heute zur Wüste gehören. Das ist nicht verwunderlich, waren doch die Wüsten bis dahin noch grünes, fruchtbares Land. Das Niltal bildete einen fjordähnlichen Arm des Mittelmeeres. Der Wasserspiegel fiel jedoch seit dem Ende der Pluvialzeit und es entstand das breite Tal des Nils mit dem fruchtbaren Überschwemmungsboden. Hier kam der Getreideanbau zu hoher Blüte. Die Kornkammern Ägyptens waren zur Zeit der Pharaone berühmt und begründeten die Vormachtstellung ihrer Reiche.

Regelmäßig brachten neue Überschwemmungen fruchtbaren Schlamm auf die weiten Felder der Talaue. Mindestens zwei Ernten konnten jährlich eingebracht werden. Die Bevölkerung wohnte in Dörfern und hatte gemeinsame Vorratshütten für die Ernte.

Auch die Einsaat wurde gemeinschaftlich vollzogen und ging sehr rationell vor sich. Nach dem Säen der Körner in den noch weichen Boden lotsten die Bauern mit einem Lockmittel ihre Hausschweine über den Acker, damit sie die Saat in den Boden stampften. Das Mahlen der geernteten Körnerfrüchte auf Handmühlen war eine Arbeit der Frauen und Mägde.

Die Bedeutung der Mühlen in den alten Kulturen

Brot und Getreide galten in allen alten Kulturen als Geschenke der Götter. Ohne Schälen und Ver-

[1] Bei der Radio-Karbon-Methode (C^{14}-Analyse) zur Bestimmung des Alters archäologischer Funde geht man von folgender Überlegung aus: Jeder Organismus (Pflanze, Tier, Mensch) nimmt direkt oder indirekt aus der Luft oder mit seiner Nahrung eine radioaktive Form des Kohlenstoffs, das „Isotop C^{14}", auf. Stirbt der lebendige Organismus ab, hört er auf, C^{14} aufzunehmen, und der im Zellgewebe enthaltene Anteil beginnt zu zerfallen. Beim Isotop C^{14} geht der Zerfall so vor sich, daß nach 5600 Jahren nur noch die Hälfte, nach 11 200 Jahren nur noch ein Viertel des ursprünglichen Anteils an C^{14} übrigbleibt und so fort. So ist es heute möglich, in komplizierten Labor-Verfahren den C^{14}-Anteil eines archäologischen Fundes (Holzkohle, Pflanzenreste oder Knochen) festzustellen und das Datum des Aufhörens der C^{14}-Aufnahme mit brauchbarer Genauigkeit unter Angabe der Fehlerquote + und – festzulegen.

mahlen sind Körnerfrüchte aber nicht zu Brot oder Breispeisen aufzubereiten. Darum kam den in jedem Haus gebräuchlichen Handmühlen eine große Bedeutung zu. Das geht aus der Gesetzgebung aller alten Völker hervor. So wurde in Babylon der Diebstahl eines Mühlsteines sehr hart mit einer hohen Geldstrafe geahndet.

Ein sehr klares Gebot steht auch im Alten Testament. Im 5. Buch Mose, Kapitel 24, Vers 6 heißt es: „Man darf nicht die Handmühle oder den oberen Mühlstein als Pfand nehmen; denn dann nimmt man das Leben selbst als Pfand."

Vom Korn zum Brot

Wenn wir Nutznießer der heutigen Konsumgesellschaft uns an den Frühstückstisch setzen, erwarten wir, daß uns neben den knusprig-frischen Brötchen zusätzlich mehrere wohlschmeckende Brotsorten angeboten werden. Wir haben uns so sehr an diesen Brotreichtum gewöhnt, daß wir ihn kaum noch achten und keinen Gedanken daran verschwenden, daß es auch bei uns einmal Not um das tägliche Brot gab oder jemals wieder geben könnte.

Ein reifes Getreidekorn ist ein Wunderwerk der Natur. Das Schemabild zeigt einen Schnitt durch ein Weizenkorn.

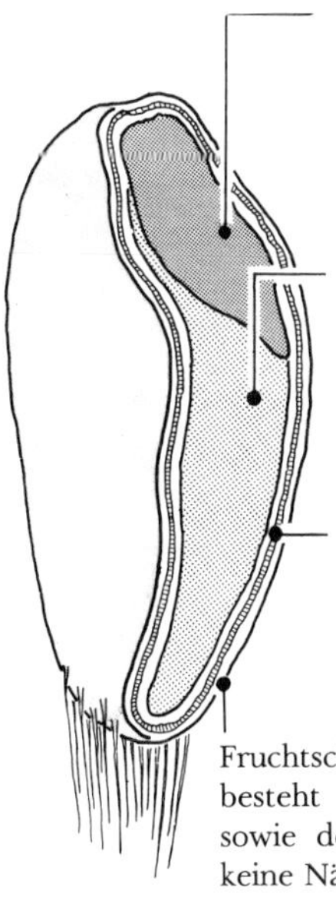

Ohne Aufbereitung sind trockene Getreidekörner für die menschliche Ernährung nicht brauchbar. Auch die auf Mühlen hergestellten Produkte sind im rohen Zustand mit ihrem Stärkeanteil von den Enzymen des menschlichen Verdauungsapparates nur schwer angreifbar. Sie müssen darum durch Quellen und Verkleistern aufgeschlossen werden. Ein Brei aus mit Wasser oder Milch angerührter Körnergrütze war wohl die ursprüngliche Nahrung der ersten Getreideanbauer. Mehl mit wenig Wasser angerührt und kräftig geknetet ergibt einen Teig, der auf heißen Steinen gegart, zum schmackhaften Fladen wurde, der jedoch frisch und warm gegessen werden mußte.

Vermutlich haben die alten Ägypter zur Zeit der Pharaonen als erste die Kunst des Brotbackens mit Sauerteig als Treibmittel entwickelt. Durch die Entstehung des Kohlendioxids im gesäuerten Teig wurde eine Lockerung erzielt und ergab durch Backen in einem heißen Steinofen ein schmackhaftes, lagerfähiges Brot.

Von den Ägyptern lernten bereits zu Abrahams Zeiten (um 1800 v. Chr.) die Israeliten die Kunst des Brotbackens mit Sauerteig, doch durften sie nach den Geboten von Mose am Passahfest nur ungesäuertes Brot (Mazzen) zu sich nehmen.

In Rom galt der Gott Pan als der Überbringer des Brotes. In Wirklichkeit haben die römischen Bäcker es den Griechen abgeschaut und diese wiederum den Ägyptern. Zu Beginn des 4. Jahrhunderts gab es in Rom rund 250 Bäckereien. Der Bäcker war zugleich Müller. Die Angehörigen dieses Berufsstandes brachten es in Rom zu Reichtum und hohem Ansehen und viele Steinreliefs überliefern uns Bilder von ihrer Tätigkeit.

Im Münsterland ist auch im Mittelalter der Beruf des Müllers nicht mit dem des Bäckers gekoppelt gewesen, selbst in den Städten nicht. Die ländliche Bevölkerung versorgte sich selbst. Einmal in der Woche wurde auf jedem Bauernhof der steinerne Backofen im Backhaus angeheizt und das Brot gebacken.

Die Handmühlen

Die Mühlengeschichte beginnt um 8000 v. Chr. mit den beiden Handmühlen, die bei archäologischen Ausgrabungen im Stadtgebiet von Jericho im Jordantal gefunden wurden.

Sattelförmige Quetschmühle mit kugelförmigem Handstein. Römisch-Germanisches Museum Haltern.

Schüsselförmige Quetschmühle mit abgeflachtem Handstein. Landesmuseum Münster.

Die Quetschmühle

Die beiden Jerichomühlchen waren Quetschmühlen und bestanden aus einem Unterstein, der durch längeren Gebrauch schüsselartig vertieft war und einem handlichen kugelförmigen Oberstein. Solche Handmühlen frühester Form fanden Arbeiter auch bei der Ausbaggerung des Halterner Stausees im Jahre 1927. Dabei ist aber zu bedenken, daß die Besiedlung des Münsterlandes und der Anbau von Getreide erst ab 3000 v. Chr. nachweisbar ist. Die bei uns gefundenen Handmühlen müssen demnach wesentlich jünger sein.

Eine weitere im Münsterland gefundene Quetschmühle hat eine vertiefte Form, der Oberstein ist eine abgeflachte Kugel. Die Weiterentwicklung führte später zur Reibpfanne.

Der Mörser

Neben den Handmühlen hat sich schon früh der Mörser zum Schälen und Zerstoßen von Körnerfrüchten wie zum Beispiel von Hirse entwickelt.

Der Mörser ist heute noch bei Völkern in Gebrauch, die noch keinen Anschluß an das technische Zeitalter gefunden haben.

Die Skizze stammt von einem antiken Vasenbild.

Die Reibmühle

Von einer wirklichen Mühle kann man erst seit der Erfindung der Reibmühle sprechen, in der die Körner des Mahlgutes nicht mehr durch Schlagen oder Drücken zerquetscht wurden, sondern durch Zerreiben ein richtiger Mahlvorgang entstand.

Das fertige Mehl fiel auf ein unterlegtes Tuch. Die leichten, hölzernen Schalenteilchen wurden mit einer Geflügelschwinge ausgefächert. Reibmühlen wurden in den verschiedensten Formen entwickelt und waren in allen alten Kulturkreisen Asiens, Afrikas und Europas bekannt. Sie haben alle Zeiten überdauert und sind heute noch in Gebrauch.

Der Bodenstein wurde durch Einschlagen von Rillen geschärft. So vertiefte sich der zuerst flache Bodenstein und wurde zur Reibpfanne.

Solche Reibmühlen fanden Archäologen im Münsterland an Plätzen frühester Siedlungen. Auch bei der Ausbaggerung des Halterner Stausees fand man ein solches Exemplar. Die abgebildete Reibmühle ist im Landesmuseum Münster ausgestellt.

Reibmühle.

Die Schwenkmühle

Irgendwann kam ein findiger Kopf auf die Idee, zu einer durch den langen Gebrauch schüsselartig geformten Reibpfanne einen dazu passenden Oberstein zu suchen, der sich mit Hilfe von Griffhölzern hin und her schwenken ließ. Damit war die Schwenkmühle erfunden, die aber dem Prinzip nach noch eine Reibmühle war.

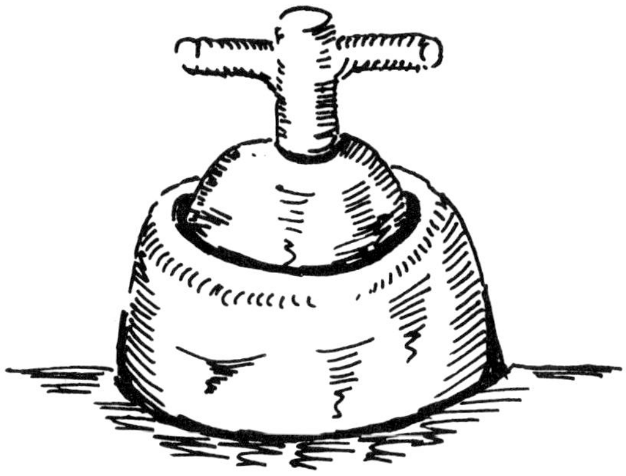

Schwenkmühle.

Die Handdrehmühle

Von der Schwenkmühle zur Drehmühle war es kein weiter Schritt. Der Oberstein bekam einen Handgriff, mit dem er sich leicht in dem mit Schärfen versehenen Unterstein drehen ließ.

Das ganz neue Prinzip war aber die Anbringung eines Zentrierzapfens in der Mitte des festliegenden Untersteins, der es erstmals ermöglichte, den mittig durchbohrten Läuferstein so aufzulegen, daß er frei rotieren konnte.

Die Skizze zeigt eine solche Drehmühle, wie sie die Römer und Kelten hatten.

Die antike Welt muß die Drehmühle als eine revolutionierende Erfindung empfunden haben, denn auf vielen Reliefs wurde sie von den Bildhauern der damaligen Zeit dargestellt.

Auf ihren Feldzügen erhielten die römischen Legionäre für ihre tägliche Grützemahlzeit ihre Tagesrationen in Form von Getreidekörnern, die sie selbst vermahlen mußten. Zu diesem Zweck besaßen in den Zeltgemeinschaften jeweils 8 Mann gemeinsam eine Handdrehmühle, wie sie hier abgebildet ist.

In den vier Löchern am Rand des Obersteins steckten Griffe zum Schwenken und Drehen, das Loch in der Mitte diente der Aufgabe der Körner.

Im Unterstein sind deutlich die eingehauenen Schärfen zu erkennen, ebenso der Ansatz des Zentrierzapfens.

Die abgebildete römische Handdrehmühle wurde bei den Ausgrabungen des Römerlagers in Haltern gefunden. Der Durchmesser des Untersteins beträgt: 40 cm außen, 26 cm innen, die Höhe: 10,5 cm außen und 5 cm innen. Das Exemplar ist ein Ausstellungsstück des Römisch-Germanischen Museums in Haltern.

Alte Drehmühle.

Römische Handdrehmühle.

Bodenstein einer römischen Handdrehmühle.

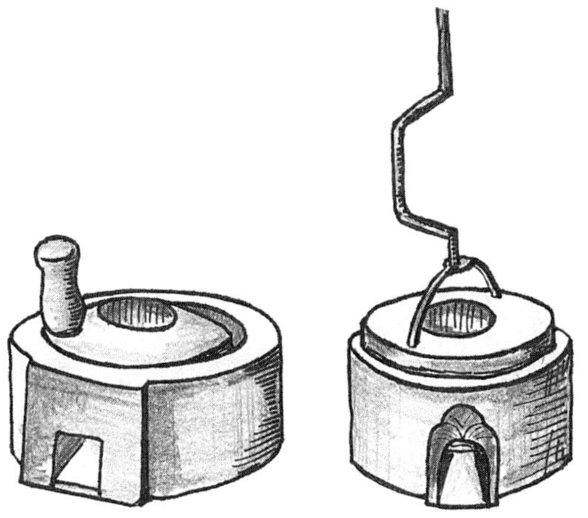

Handmühlen aus dem Münsterland, wie sie jahrhundertelang auf jedem Bauernhof vorhanden waren.

Im Mühlenhof in Münster werden Handdrehmühlen gezeigt, wie sie jahrhundertelang im Münsterland üblich waren und bis im vorigen Jahrhundert zur Kücheneinrichtung auf jeden Bauernhof gehörten.

Die Tierdrehmühle

Bei Ausgrabungen der im Jahre 79 n. Chr. beim Ausbruch des Vesuvs verschütteten Stadt Pompeji hat man unter anderem auch eine Bäckerei freigelegt, in deren Hof mehrere Drehmühlen eines sehr ausgereiften Typs aufgestellt waren.

Wie die Skizze zeigt, ist der Unterstein kegelig und hat an der Spitze einen eisernen Zapfen.

Der Oberstein ist ein hohler, an eine Eieruhr erinnernder Doppelkegel, an dessen engster Stelle eine Eisenplatte mit fünf Löchern eingesetzt ist.

Der Oberstein ist zentriert auf dem Eisenzapfen an der Spitze des Untersteins aufgelegt, so daß der Zapfen durch das Loch der Eisenscheibe geht und der Oberstein frei rotieren kann.

Das Getreide wurde in den offenen oberen Steintrichter gegeben und fiel durch die Löcher der Eisenplatte in den Spalt zwischen Oberstein und kegelartigem Unterstein. Nach unten verengte sich der Spalt, um die Mahlleistung zu erhöhen.

Gedreht wurde die Mühle an Griffen oder bei größeren Geräten an Deichseln durch die Muskelkraft von Sklaven oder Tieren.

Bei den Ausgrabungsarbeiten des Römerlagers auf dem Annaberg in Haltern fanden die Archäologen auch Teile von Tierdrehmühlen, wie sie in der freigelegten Bäckerei der vom Ascheregen des Vesuvs verschütteten Stadt Pompeji stehen. Die Bruchstücke dieser an eine Eieruhr erinnernden Tierdrehmühle sind im Landesmuseum Münster aufgebaut.

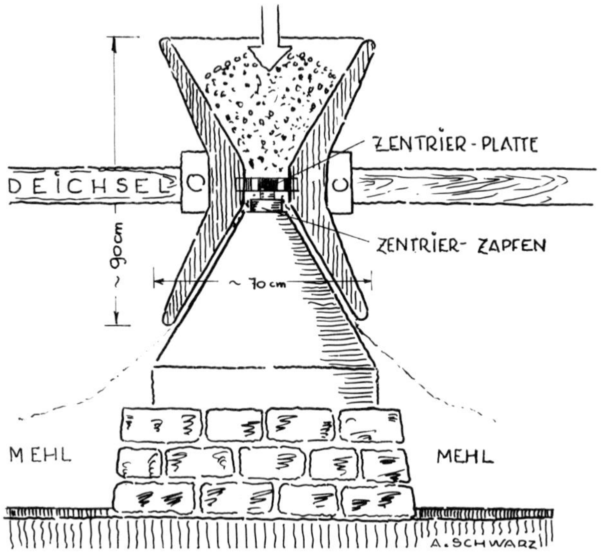

Querschnitt durch eine Tierdrehmühle. Von diesen Mühlen standen mehrere in der Bäckerei, die man bei Ausgrabungen in Pompeji fand.

Die Erfindung des Zahnrad-Winkelgetriebes

Eine der ganz großen Erfindungen ist das noch aus der Antike stammende Zahnrad-Winkelgetriebe. Diese Idee bildet heute die Grundlage modernster Maschinengetriebe.

Mit dem Zahnrad-Winkelgetriebe konnten nun die Kräfte der ziehenden Tiere (Kamele, Esel oder Pferde) oder der an Deichseln schiebenden Sklaven

Römische Kornmühle mit Deichsel für Antrieb durch Tiere.

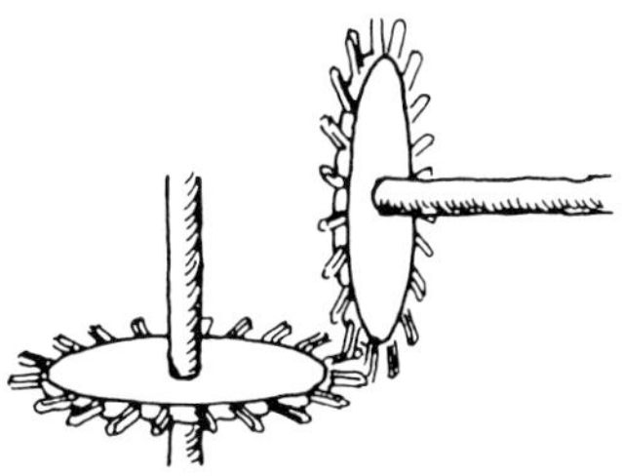

Winkelgetriebe mit Sternradverzahnung (Altägyptische Form). Radial gestellte Zähne.

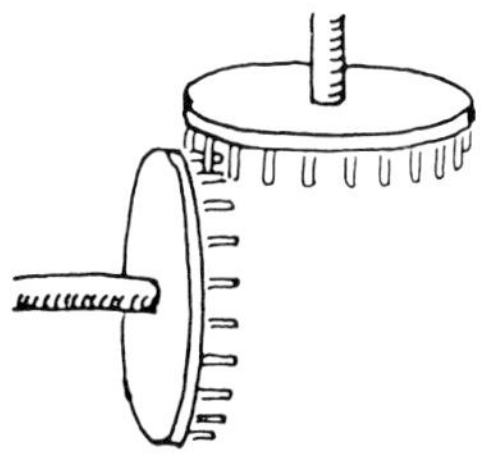

Winkelgetriebe mit Triebstockverzahnung (Übergangsform). Rektangulär gestellte Zähne.

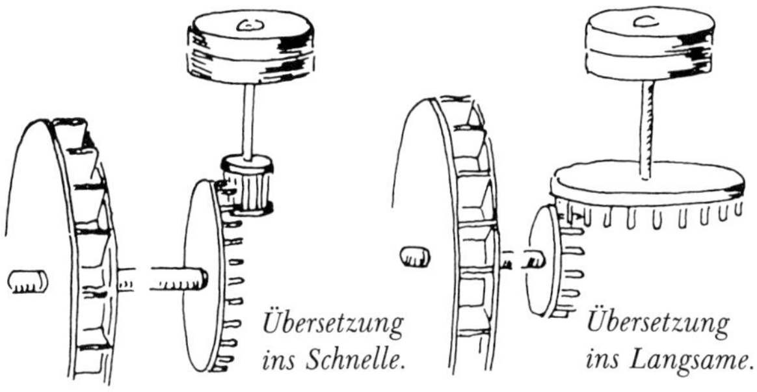

Kammrad-Stockgetriebe bzw. Drehling-Verzahnung. Römisch-Mittelalterliche Form.

in Drehbewegungen umgesetzt, der Richtung nach umgelenkt und für die Mahlsteine der Drehmühlen in eine schnellere Umdrehungszahl übersetzt werden.

Der Göpel

Bereits im 2. Jahrhundert v. Chr. wandten die Menschen im Mittelmeerraum die Kenntnisse des Zahnradwinkelgetriebes an. Zuerst wohl in Mesopotamien und Ägypten betrieben sie mit Hilfe von Göpelwerken Schöpfräder zum Bewässern ihrer Felder. Der Göpel ist dadurch gekennzeichnet, daß das meist sehr große Stirnrad des Triebwerkes von einem Zugtier an einer Deichsel im Rundlauf gezogen wird. Bevor nach dem letzten Krieg im Münsterland auch die ländlichen Bezirke an das Stromversorgungsnetz angeschlossen waren, konnte man auf unseren Bauernhöfen noch Pferdegöpel zum Betreiben der gebräuchlichen landwirtschaftlichen Maschinen zum Dreschen, zum Sägen, Häckseln und zur Getreidereinigung finden, ehe sie von Elektromotoren als Antriebskraft abgelöst wurden.

Die Handmühle mit Winkelantrieb

Gegenüber der Reibmühle war die Handdrehmühle schon ein gewaltiger Fortschritt, aber erst die Verbindung mit einem Zahnradwinkelgetriebe brachte echte Arbeitserleichterung. Getriebemühlen sind in verschiedenen Formen weiterentwickelt worden.

Im Münsterland war die nebenstehende Grützemühle, die auch zum Schälen von Graupen gebraucht wurde, auf nahezu jedem Bauernhof zu finden und kann in den bäuerlichen Freilichtmuseen in Münster, Detmold oder Cloppenburg besichtigt werden.

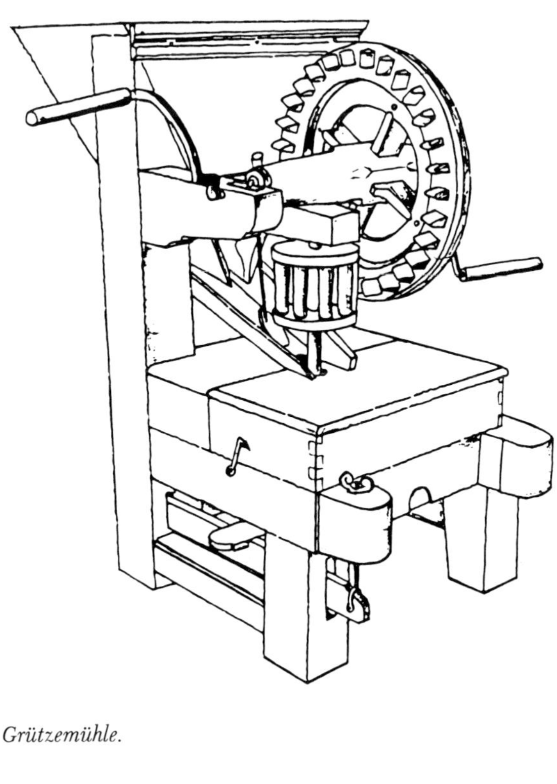

Grützemühle.

Die Tiermühle mit Winkelantrieb

Die Tierdrehmühlen, die mit einem Zahnradwinkelgetriebe arbeiteten, nannte man im Münsterland Roßmühlen, weil sie von Pferden ihren Antrieb erhielten. Im Mühlenhof in Münster ist eine solche Roßmühle betriebsfertig wiederaufgebaut worden. Neben ihr gibt es auf dem Mühlenhof noch eine weitere, kleinere Roßmühle, die Zichorienmühle. Das Antriebsrad hat 252 Holzzähne, der Durchmesser beträgt 5,60 m. Die Verbindung zwischen dem

Antriebsrad und der Spindel des Mahlganges nennt man Ritzel oder Halsspeel.

Auf dieser Kleinmühle wurde nicht Korn, sondern Zichorie aus den getrockneten Wurzeln der Wegwarte gemahlen. Zichorie diente früher als Geschmackszusatz zum Kaffee.

Die Roßmühle im Mühlenhof Münster.

Inneres der Zichorien-Roßmühle.

Pferdegöpel.

Blick in das Innere der Roßmühle.

Sommermittag

Nun ist es still um Hof und Scheuer,
Und in der Mühle ruht der Stein;
Der Birnenbaum mit blanken Blättern
Steht regungslos im Sonnenschein.

Die Bienen summen so verschlafen;
Und in der offnen Bodenluk,
Benebelt von dem Duft des Heues,
Im grauen Röcklein nickt der Puk.

Der Müller schnarcht und das Gesinde,
Und nur die Tochter wacht im Haus;
Die lachet still, und zieht sich heimlich
Fürsichtig die Pantoffeln aus.

Sie geht und weckt den Müllerburschen,
Der kaum den schweren Augen traut:
„Nun küsse mich, verliebter Junge;
Doch sauber, sauber! nicht zu laut."

Theodor Storm (1817–1888)

Der Siegeszug der Wassermühle

Die Erfindung der Wassermühle

Von den Wasserschöpfrädern mit einem Göpelwerk, das durch die Zugkraft von Tieren angetrieben wurde, bis zum Antrieb eines Rades durch das fließende Wasser war technisch kein großer Weg zu gehen; viel schwieriger war der Abbau weltanschaulicher Hemmnisse. Naturkräfte wie Wind und Wasser waren Kräfte der Götter. Durfte man Götter für Arbeiten einspannen, die jetzt Sklaven und Zugtiere machten? Die geistigen Führer der damaligen Zeit hatten ihre Mitmenschen behutsam gelehrt, daß die Nutzung von Naturkräften keine Gotteslästerung bedeutete.

Der griechische Geograph Strabo aus Amasia in Pontus/Kleinasien (63 v. – 20 n. Chr.) beschreibt in seinen „Geographica", daß er auf seinen Reisen auch Wasserräder gesehen habe, die von der Kraft des fließenden Wassers angetrieben wurden. Die Beschreibung von Strabo ist aber noch sehr ungenau.

Erst von Marcus Vitruvius mit dem Beinamen Pollio, Baumeister und Ingenieur unter Julius Caesar und später unter Kaiser Augustus, ist uns die technische Darstellung einer Wassermühle in Rom überliefert. In seinem etwa um das Jahr 25 v. Chr. veröffentlichten Handbuch „De architectura" hat er in zehn Bänden das technische Wissen seiner Zeit zusammengetragen. Darin ist auch eine sehr anschauliche Darstellung der Wassermühle in Rom enthalten.

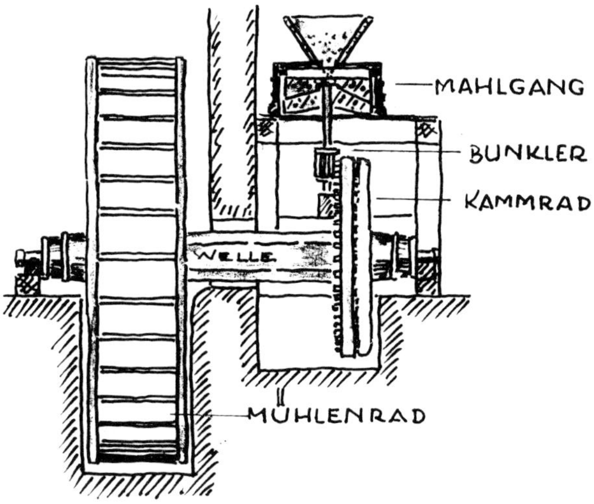

Schema der römischen Wassermühle nach Vitruv.

Soweit keine Sklaven zur Verfügung standen, war das Mahlen von Getreide auf den Handmühlen eine Arbeit der Frauen. Es war eine nie enden wollende, eintönige, schwere Arbeit. Vitruvius gibt also zuerst die weltanschauliche Grundlage und stellt ein leichteres Leben in Aussicht. Die freie Übersetzung des lateinischen Epigramms lautet:

„Hört auf, euch zu bemühen, ihr Mädchen,
die ihr in den Mühlen arbeitet;
jetzt schlaft und ruht und laßt die Vögel
der Morgenröte entgegensingen,
*denn Ceres hat den Najaden befohlen,**
eure Arbeit zu verrichten;
diese gehorchen, werfen sich auf die Räder,
drehen mächtig die Wellen
und durch diese die schwere Mühle."

Dann schreibt er weiter:

„. . . Auf dieselbe Weise wie die Schöpfräder wird auch die Wassermühle getrieben, nur, daß am Ende der Welle des Wasserrades ein senkrecht gestelltes Rad angebracht ist.

Dieses Kammrad greift in ein Stockgetriebe ein, das eine Spindel drehen läßt. Die Spindel hat eine Haue, die in den Läuferstein eingelassen ist und die Umdrehungen der Spindel auf den Läufer überträgt. Der über der Maschine hängende Trichter führt den Mühlsteinen stetig das Getreide zur Vermahlung zu."

* Ceres ist die Schutzgöttin des Getreides, Najaden sind die Nymphen, die Wellen des Wassers.

Ein schwieriger Start

Obwohl die Wassermühle, wie vorher beschrieben, schon in der Antike erfunden worden war und eine erste dieser von Naturkräften angetriebenen Maschine bereits zur Zeit des Kaisers Augustus in Rom zum Vermahlen von Getreide gebraucht wurde, ließ ihr Siegeszug noch lange auf sich warten.

Der Start war sogar ausgesprochen schwerfällig. Allein in dem für damalige Verhältnisse aufgeschlossenen Rom hat es über dreihundert Jahre gedauert, bis sich die Wassermühle durchsetzen konnte.

Das Mahlen von Getreide auf den Handmühlen und auch auf den von Sklaven oder Pferden angetriebenen Drehmühlen war eine schwere körperliche Arbeit. Aus unserer heutigen Sicht erscheint es unverständlich, daß eine so großartige, arbeitserleichternde und kräftesparende Erfindung, wie sie die Wassermühle darstellt, von den Menschen der damaligen Zeit nicht begeistert aufgegriffen wurde.

Aber in Rom waren die einflußreichen Bürger nicht sonderlich an Arbeitserleichterungen interessiert. Die Kriegszüge brachten genügend Nachschub an Sklaven und an Zugtieren, die sie dann auf dem Markt kaufen konnten. Wer viele Sklaven hatte, galt als vermögend, und jeder stellte seinen Reichtum gern zur Schau.

Erst als die Kriegszüge weniger erfolgreich waren, der Nachschub an Gefangenen ausblieb und auch die Tributzahlungen in Form von Zugtieren wie Pferden und Eseln geringer wurden, erhielt die Wassermühle ihre Chance.

Von entscheidender Bedeutung war dabei, daß durch den Sieg des Christentums über die alten Götter die Abneigung und der Widerstand gegen die Mühle als Naturkraft-Maschine abgebaut wurde.

Das Prinzip der Vitruv-Wassermühle setzt sich durch

Die von Vitruv beschriebene römische Wassermühle mit dem vertikal gestellten Wasserrad und der Kraftübertragung über eine Welle und mit einem Zahnradwinkelgetriebe zeigte sich in der Weiterentwicklung als das technisch brauchbarste Prinzip. Es hat nicht an Versuchen gefehlt, andere

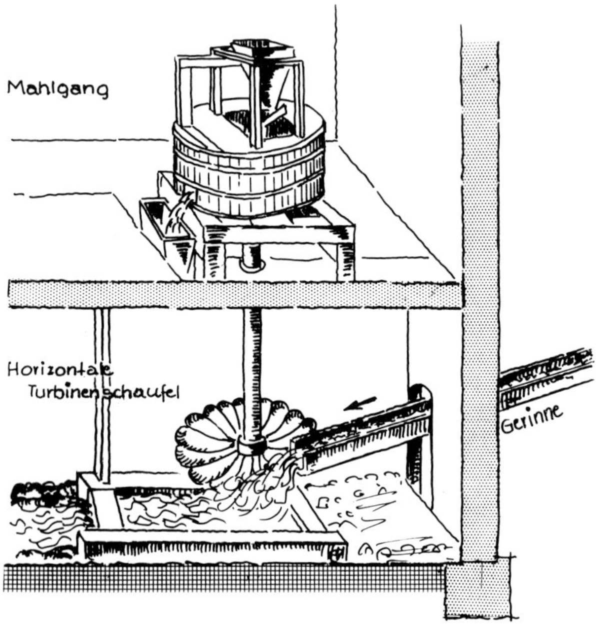

Ideenskizze eines mittelalterlichen Mühlenbaumeisters zu einer vom Floderrad angetriebenen Getreidemühle.

Lösungen zu finden ohne das in Herstellung und Wartung aufwendige Getriebe. So legte man zum Beispiel zum Antrieb des Mahlganges die Wasserräder nicht vertikal, sondern horizontal in den Wasserstrom und trieb die Spindel des Obersteins direkt an.

Ein anderer Versuch, eine Wassermühle mit direktem Antrieb ohne Zwischenbau eines Getriebes zu konstruieren, führte zur Entwicklung der Flodermühle, wie sie noch heute an den Bächen mit starkem Gefälle im österreichischen Bergland zu Hause ist. Über ein Gerinne oder auch einen ausgehöhlten Stamm wurde das Bergwasser von oben auf ein Löffelrad gelenkt, das wie ein Turbinenrad wirkte und im technischen Zeitalter eine Anregung für die Entwicklung der Wasserturbine darstellte.

Die Technikgeschichte der Wassermühle

Es leuchtet ein, daß Wassermühlen an kräftig strömenden Gewässern anders angelegt sein mußten als solche an träge fließenden Bächen oder Flüssen.

Wassermühlen an kräftig strömenden Gewässern

Die römischen Wassermühlen, wie Vitruv sie beschreibt und wie römische Legionäre und christliche Klöster sie in den ersten Jahrhunderten nach der Zeitrechnung nördlich der Alpen bauten, waren rein unterschlächtig.

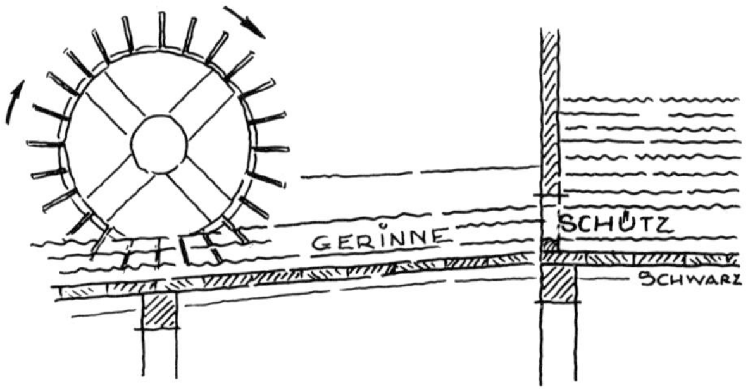

Unterschlächtiges Mühlenrad.

Beim *rein unterschlächtigen Mühlenrad* wirkt die Kraft des strömenden Wassers allein durch den Stoß. Deshalb muß das Fließwasser durch einen hölzernen oder steinernen Kanal so gegen die Schaufeln geführt werden, daß das Wasser weder seitlich noch nach unten zwischen Schaufeln und Kanalboden ausweichen kann. Das unterschlächtige Mühlenrad erfordert die Aufgabe einer großen und kräftig fließenden Wassermenge.

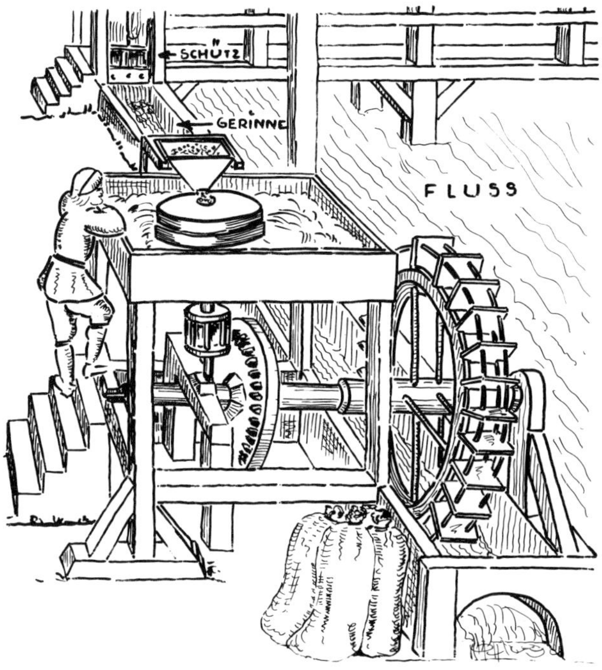

Unterschlächtige Wassermühle.

Der Nutzeffekt solcher Mühlen beträgt nur rund 30 Prozent.

Die Skizze stellt eine unterschlächtige Wassermühle nach römischem Vorbild dar.

Im flachen Münsterland fehlen diese Voraussetzungen für rein unterschlächtige Mühlen.

Wassermühlen in bergigem Land

Mit der Zeit eroberte die Wassermühle auch das bergige Land. Statt der Flüsse gab es hier nur die schmalen Bergbäche. Die Mühlbaumeister nutzten nun bei der geringen zur Verfügung stehenden Wassermenge das vorhandene Gefälle aus. Sie leiteten das Bergwasser über ein hölzernes Gerinne zur Mühle und beaufschlagten das Mühlenrad oberschlächtig. Je geringer die Wassermenge war, desto größer mußte der Durchmesser des Mühlenrades sein, der oft auf 10 m und mehr gesteigert wurde.

Oberschlächtiges Mühlenrad.

Stand nicht soviel Gefälle zur Verfügung, dann mußte das Mühlenrad um die gleiche Leistung zu erbringen, breit sein und mit entsprechend größerer Wassermenge beaufschlagt werden. Brachte der Bach diese Wassermenge nicht, so wurde das nötige Betriebswasser in einem Mühlteich vor der Mühle angesammelt.

Das *rein oberschlächtige Mühlenrad* hat einen hohen Wirkungsgrad. Die Kraft des Wassers bildet sich aus Stoß und Gewicht und bei optimaler Gestaltung des Mühlenrades kann der Nutzeffekt bis auf 80 Prozent gesteigert werden.

Wassermühlen im Flachland

Als die ersten Mühlenbaumeister im flachen Münsterland Wassermühlen zu bauen hatten, standen sie vor großen Problemen.

Hier flossen die Bäche bei wenigem Gefälle träge um jede kleinste Erhebung herum. Wassermühlen mit oberschlächtigen oder unterschlächtigen Wasserrädern waren nicht einzusetzen. So wendeten die Mühlenbaumeister einen Trick an und schafften ein künstliches Gefälle. Zuerst suchten sie eine möglichst große Bachschleife und verkürzten den Naturlauf durch einen künstlich geschaffenen Mühlengraben, an dem sie die Mühle mit Wehr und Mühlenteich anlegten.

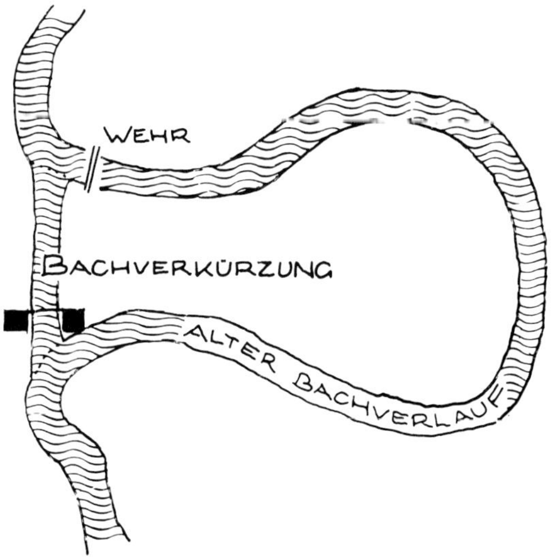

Schema einer Bachlaufverkürzung zum Gewinn von Gefälle.

Mühlengraben und Mühlenteich erhielten einen Deich, um einen möglichst hohen Stau am Wehr vor der Mühle zu erreichen. Der Naturlauf des Baches wurde zur Umflut umfunktioniert und nahm hinter der Mühle das Betriebswasser wieder auf.

Um auf eine möglichst hohe Leistung zu kommen, konstruierten die Mühlenbauer das mittelschlächtige Rad. Später kam bei passenden Voraussetzungen das rückenschlächtige Mühlenrad dazu.

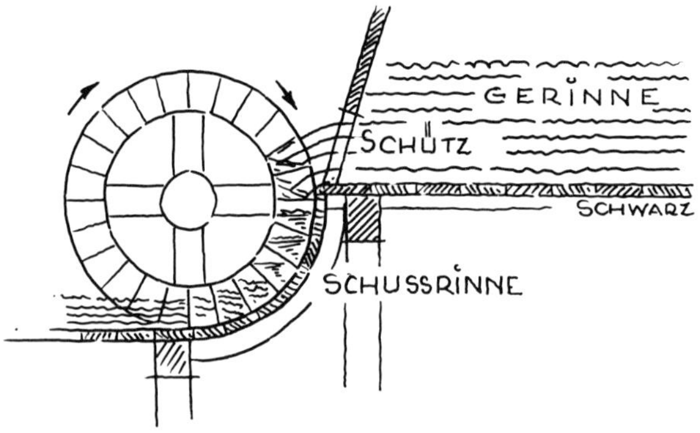

Das *mittelschlächtige Mühlenrad* ist für die Mühlen im münsterländischen Flachland typisch. Vom Gerinne oder direkt vom Mühlenschütz im Stauwehr fällt das Wasser aus dem angestauten Mühlenteich in die Schußrinne. Diese ist der Rundung des Mühlenrades so sorgfältig angepaßt, daß keine Wasserkraft verlorengeht. Da Gefälle fehlt, sind mittelschlächtige Mühlenräder immer breit und mächtig. Die Wasserkraft wirkt durch Stoß und Gewicht. Seitdem es für die Mühlenräder nicht nur Holzkonstruktionen, sondern auch optimal geformte Anfertigungen aus Eisenblech gibt, kann der Wirkungsgrad durch gekröpfte Zellwände auf über 50 Prozent gesteigert werden.

Das *rückenschlächtige Mühlenrad* hat eine höher liegende Aufgabe als das mittelschlächtige Mühlenrad und bringt dadurch bei optimaler Formgebung der Zellwände fast eine genauso hohe Leistung wie ein Mühlenrad mit oberschlächtiger Aufgabe.

Die Schiffsmühle als Sonderform

Die Schiffsmühle ist eine Sonderform der Wassermühle. Die Idee dazu wurde im Jahre 536 durch eine Notsituation bei der Belagerung Roms durch die Ostgoten geboren. Mit 1,2 Millionen Einwohnern war Rom damals eine auch für heutige Begriffe große Stadt. Über 600 Bäckereien versorgten die Bevölkerung mit dem Hauptnahrungsmittel Brot. Während die Römer zu Augustus' Zeiten noch die Wassermühle ablehnten, fehlte in den nächsten Jahrhunderten der Nachschub an Sklaven und Zugtieren für die großen Drehmühlen, die bis dahin in den Bäckereien der Städte üblich waren. Auch Rom hatte sich auf Getreidevermahlung durch die Wassermühlen eingestellt. Die angreifenden Ostgoten schütteten listig die in die Stadt führenden Mühlenkanäle zu. Doch Not macht erfinderisch. Feldherr Belisar, der Verteidiger Roms, ließ mehrere Schiffe mit Kornmühlanlagen ausrüsten und diese im strömenden Wasser des Tibers verankern. Schaufelräder, zu beiden Seiten der Schiffe angebracht, erbrachten den Antrieb für die Mahlgänge. Der Zeichner Veranzia hat 1595 in einer Skizze eine solche Schiffsmühle dargestellt.

Schiffsmühle.

Die Idee der Schiffsmühle ging nicht verloren und wurde auch auf deutschen Flüssen verwirklicht. Ihre Blütezeit hatte sie im 16. und 17. Jahrhundert. Auf der Lippe war eine abgeänderte Form der Schiffsmühle zu Hause. Das eigentliche Schiff mit den Mahlgängen war am Ufer verankert. Zur Flußmitte hin lag längsseits ein zweites tragfähiges Boot vertäut und zwar so, daß es die Mühlradachse mit dem Gegenlager aufnehmen konnte. Im vorigen Jahrhundert verschwanden die Schiffsmühlen von unseren Flüssen. Sie störten die Schiffahrt. Im Jahre 1821 erwähnt ein preußischer Beamter in einem Mühlenbericht nach Berlin noch eine Schiffsmühle auf der Lippe. Das Bild unten zeigt die letzte

deutsche Schiffsmühle auf dem Main bei Ginsheim/ Mainz im Jahre 1900.

Die verschiedenen Mühlenarten im Überblick

„Molina“ nannten die Römer die Geräte, mit denen sie Getreide zu Mehl mahlen konnten. „Molina“ nannten sie auch die erste Naturkraftmaschine, welche die Kraft des strömenden Wassers nutzte. Der Dichter Ausonius beschreibt im Jahre 370 in seinem Epos „Mosella“ zwei von römischen Legionären erbaute Wassermühlen, von denen eine das Korn mahlt und die andere Steinblöcke zersägt.

Auch in den späteren Jahrhunderten blieb der Name „Mühle“ für alle Anlagen bestehen, die ihre Energie aus der Drehbewegung eines von Muskelkraft, vom Wind oder vom Wasser angetriebenen Rades empfingen. Dabei war es gleichgültig, ob auf der Anlage Korn gemahlen oder ein anderes Gut zerkleinert, gestampft, gehämmert, zersägt oder gekollert werden sollte.

Die Kornmühle

Das Münsterland ist ein Bauernland. So nehmen unter den noch vorhandenen Wasser- und Windmühlen diejenigen, die der Getreidevermahlung dienten, den ersten Platz ein. Alle anderen Mühlenarten galten als Nebenbetriebe und wurden bei Mangel an Betriebswasser stillgelegt, damit die Kornmühle arbeiten konnte. Die Kornmühle wird auf Seite 16 ausführlich besprochen.

Die Ölmühle

Die typisch münsterländische Mühle war eine Doppelanlage aus Kornmühle und Ölmühle. Auch die Ölmühle wird ausführlich besprochen (Seite 22).

Die Walkmühle

Bevor der Kunstdünger aufkam, betrieben die münsterländischen Bauern auf den Sandböden in großem Maße Schafzucht; nahezu in jedem zweiten Bauernhaus stand ein Webstuhl. Die Wollweber und Wandmacher (Tuchmacher) brachten ihre Erzeugnisse zur Walkmühle und ließen sie in einem sauren oder alkalischen Medium verfilzen und durch Walken zu Tuchen verdichten. Auch die Walkmühle wird ausführlich besprochen (Seite 23).

Die Bokemühle

Bis zum Beginn des vorigen Jahrhunderts wurde im Münsterland nahezu von allen Bauern, Köttern und Heuerlingen Leinen hergestellt. Der geerntete Flachs wurde durch die Riffel gezogen und von den Samenkapseln freigekämmt. Anschließend kamen die Pflanzen in Gärteiche, damit sich der Bast vom Holzkörper trennte. Dem schloß sich ein Trocknen im Dörrofen an. Jetzt wurde der vorbereitete Flachs zur Bokemühle gebracht und unter Stempel, die von Nocken an der Mühlradwelle angehoben wurden, solange geschlagen, bis er weich genug zum anschließenden Brechen und Ribben (Reiben) war. Auf einem Nagelblock (Hechel) wurden die freigelegten Fasern gekämmt und waren damit zum Verspinnen vorbereitet. Das Bedienen eines Leinenwebstuhls verlangte kräftige Männerarme.

Pellmühlen

Das Pellen (Schälen) von Gerste zu Graupen erfolgte auf einem besonderen Schrotgang oder aber auf der Pellmühle. Diese bedurfte nur des Läufersteins, der beim Umlauf mit seiner Stirnfläche an einem gelochten Reibblech entlang streifte und dabei die Gerste schälte.

Grützemühlen

Grütze ist ein fein geschrotetes Korn z. B. von Buchweizen; es eignen sich aber auch alle anderen Getreidesorten dazu.

Sägemühlen

Bis heute arbeiten noch einige wenige Sägemühlen im Münsterland mit Wasserkraft, davon allerdings nur der Betrieb Kramer-Bertels an der Oberstever mit einem Mühlenrad. Die Antriebskraft wird auf ein Horizontalgatter übertragen, auf dem Baumstämme zu Balken, Bohlen und Brettern zersägt werden.

Loh- oder Loemühlen

Vor der Industrialisierung verwandten die Gerber zum Veredeln frischer Tierhäute zu Leder eine Lohe, deren Hauptbestandteil neben Wasser frische gemahlene Eichenrinde war.

Als die Textilien noch keine Kunstfasern enthielten, sammelten Straßenhändler in allen Städten und Dörfern die Lumpen und verkauften diese an die Papiermühlen. Die Textilabfälle wurden von Messerwalzen zerrissen und zerschnitten und dann in einem Wasserbad zu einem Brei zerstoßen. Dieser Textilbrei, aufbereitet mit Bindemitteln und anderen Zutaten, ergab dann den Rohstoff für die Herstellung hochwertiger Papiere.

Hammermühlen, Schleifmühlen und viele andere Mühlen dieser Art sind im Technischen Freilichtmuseum in Hagen aufgebaut. Kein Mühlenfreund sollte es versäumen, dort einen Tag zu verbringen.

Beschreibung der Kornmühle

Die Einrichtung einer Kornmühle soll am Beispiel der Wassermühle in Sythen bei Haltern beschrieben werden. Die Anlage stammt aus dem Mittelalter und wird in einer Urkunde aus dem Jahr 1331 erstmals erwähnt (Gütertausch zwischen Fürstbischof Ludwig und Ritter Wessel von Lembeck). Bis 1954 war die Kornmühle noch in Betrieb, verfiel dann aber zusehends. Bei den Restaurierungsarbeiten 1980/81 war ein Teil der Inneneinrichtung nicht mehr zu retten, wurde aber aufgemessen.

Von Wehr, Stauhöhe und Fachbaumhöhe

Das Wehr dient dem Stau des Wassers vor dem Mühlenrad. Die älteste Form ist das Balkenwehr.

Das alte Zahnstangen-Schützenwehr (Mühle Sythen).

Die erste Beschreibung einer solchen Anlage stammt aus dem Jahre 580 von Gregor von Tours. Eine Weiterentwicklung war das Schützenwehr, das schon leichter zu bedienen war. Die Wehrbreite wurde dabei durch Pfeiler (Griesständer) unterteilt und die Felder durch in Falze gleitende Tafeln aus Holzbohlen (Schütze) bis auf die gewünschte Stauhöhe geschlossen. Vor dem Mühlenrad lag das Einlaßschütz, das vor Inbetriebnahme hochgeknippt werden mußte. Eine weitere Erleichterung der

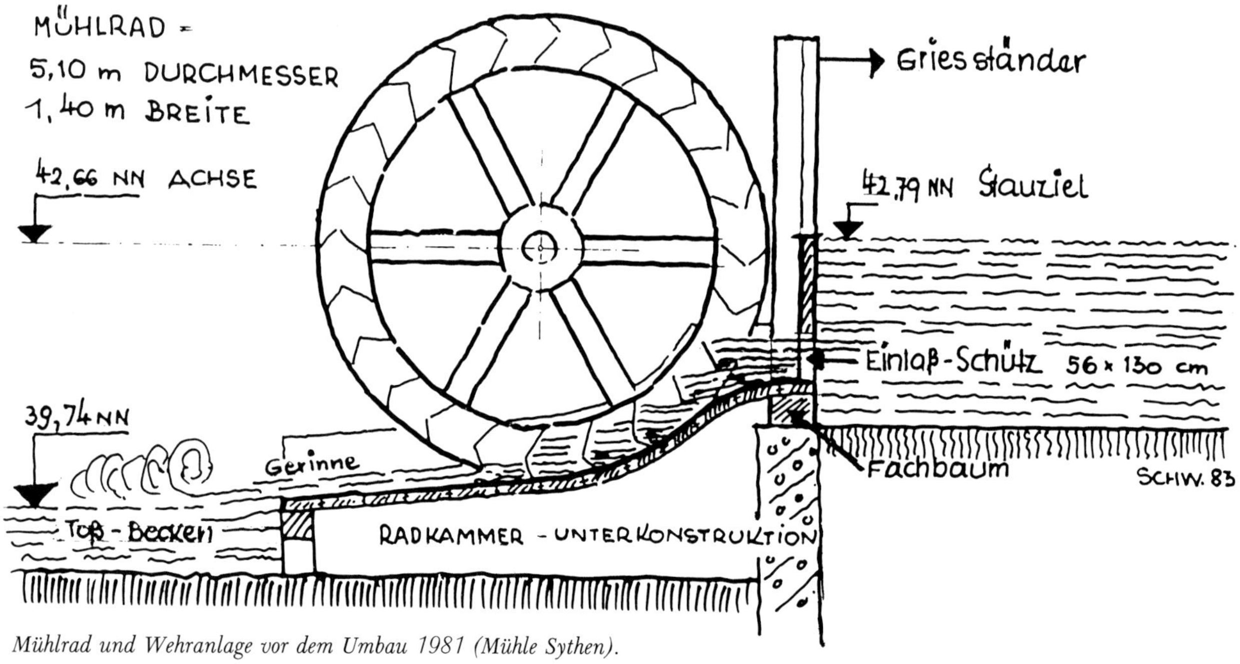

Mühlrad und Wehranlage vor dem Umbau 1981 (Mühle Sythen).

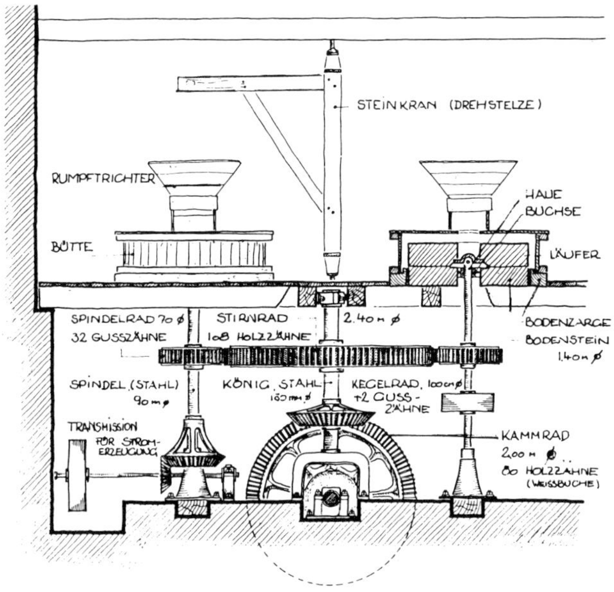

Wassermühle Sythen. Querschnitt durch Mühlenbühne mit Mühlenrad.

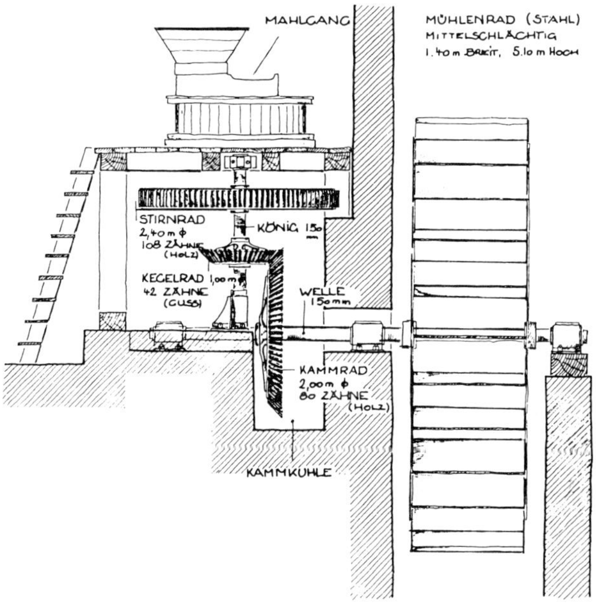

Wassermühle Sythen. Längsschnitt durch die Mühlenbühne.

Arbeit, besonders bei Hochwassergefahr, brachte das Zahnstangen-Schützenwehr. Mit Hilfe einer Kurbel konnten jetzt alle Schützentafeln hochgedreht werden.

Bei Erteilung der Rechte zum Stau und zum Bau einer Mühle wurde die „Stauhöhe" und die „Fachbaumhöhe" durch Meßpunkte beiderseits des Wehres festgelegt. „Stauhöhe" oder „Stauziel" ist die höchstzulässige Oberkante der Schütze, über die das Stauwasser abstürzt. „Fachbaumhöhe" heißt die untere Kante, auf die sich die Schütze aufsetzen. „Fachbaumhöhe" heißt sogar noch bei modernen Klappenwehren, wie eines an der Sythener Mühle 1981 als Ersatz für das Schützenwehr gebaut wurde, die Betonoberkante, auf welche die Stauklappe aufsetzt.

Aufmaßskizze der Sythener Kornmühle

Bei mittelalterlichen Wassermühlen waren das Mühlrad, die Mühlradwelle und das Getriebe aus Eichenholz angefertigte Meisterstücke handwerklicher Mühlenbauer. Ab der zweiten Hälfte des vorigen Jahrhunderts kamen auch im Münsterland eiserne Mühlenräder und gußeiserne Triebwerke auf. Damit die gußeisernen Triebräder bei dem rauhen Gang der Wassermühle nicht brachen, erhielten die kraftabgebenden Räder Zähne aus zähem Weißbuchenholz, die einzeln in die Gußeisenfelgen gesteckt und auf der Rückseite durch Ansetzen von Holzkeilen befestigt wurden. Die kraftübernehmenden Triebräder dagegen hatten gußeiserne Zähne. So war der Gang des Getriebes weicher und es konnten nur noch die leicht auswechselbaren Zähne aus Holz verschleißen oder brechen.

Die Sythener Mühle wurde um 1860 von Holzgetriebe auf Gußeisengetriebe umgerüstet. Das Mühlenrad (Stahl) war 1,40 m breit und 5,10 m hoch.

Das Antriebswasser wurde vom Einlaßschütz mittelschlächtig auf das Mühlenrad aufgegeben und die Drehbewegung übertrug sich auf die Welle und das Kammrad. Das im Durchmesser 2 m große Kammrad mit den 80 Holzzähnen trieb das auf der stehenden Welle (König) sitzende gußeiserne Kegelrad an und das darüber aufgekeilte 2,40 m große Stirnrad (Kronrad) mit den 108 Holzzähnen. Von diesen wurde die Drehbewegung weitergegeben an das 70 cm große Spindelrad und die stählernen Mahlgangsachsen, auch Spindeln oder Mühleisen genannt.

Das Übersetzungsverhältnis des Getriebes in der Sythener Wassermühle war so abgestimmt, daß bei der behäbigen Umdrehung des Mühlenrades von 10 bis 12 mal in der Minute, sich der Läuferstein des Mahlganges 120 bis 140 mal in der Minute drehte.

Die Mahlgänge

Die Mahlgänge sind das Herzstück jeder Kornmühle. Die meisten münsterländischen Kornmühlen hatten zwei Mahlgänge, und zwar einen für Futterschrot und Backschrot und den anderen für die Herstellung von Feinmehl. Diesem Mahlgang war eine Sichteranlage (Büdelgang) nachgeschaltet. So war es auch vor dem Umbau in der Sythener Mühle. Die Mahlgänge lagen auf dem Mühlengerüst, einer kräftigen Unterkonstruktion aus 33/33 cm starken Eichenstützen, Rahmen und Schwellen und 21/33 cm starken Balken. Das Mühlengerüst hat ein eigenes Fundament, auf dem auch das Getriebe steht. Das Mühlengebäude selbst wurde

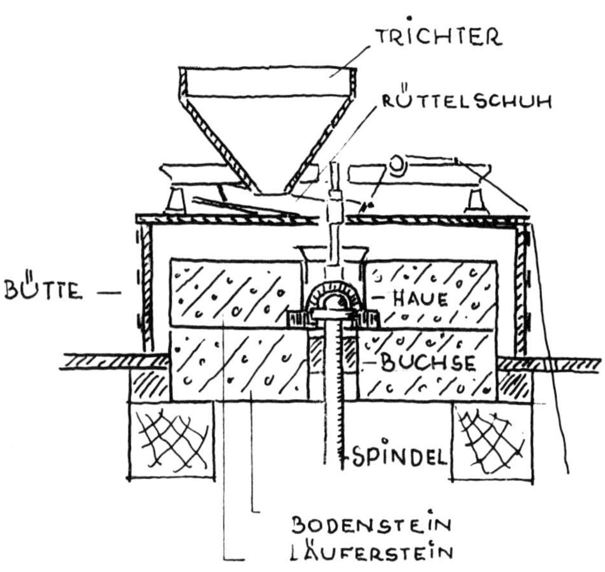

Konstruktion des Mahlganges.

von den durch Getriebe und Mahlgänge auftretenden Kräften nicht belastet. Der obere Bohlenbelag des Mühlengerüstes, der die Untersteine der Mahlgänge fest umschloß, hieß Steinboden.

Die Mühlsteine

Jeder Mahlgang hat einen Bodenstein, auch Unterstein genannt und einen Oberstein, auch Läufer genannt. Steingröße und Steinqualität waren von großer Bedeutung und von der Aufgabenstellung der Mühle abhängig. Die Normalgröße der Steine im Münsterland war 1,40 m im Durchmesser. Amtsmühlen, Bischofsmühlen und Stadtmühlen waren durchweg mit Mühlsteinen von 1,50 bis 1,60 m Durchmesser ausgestattet. In den meisten Mühlen waren Mühlsteine aus blauer Eifellava aus Niedermendig eingesetzt.

Bis Wesel kamen sie auf dem Wasserweg und mußten von dort mit einem Fuhrwerk abgeholt werden. Das war bei dem schlechten Zustand der Straßen in alten Zeiten keine leichte Aufgabe und gehörte zu den Hand- und Spanndiensten der hörigen Bauern.

Die wertvollsten Steine für die Ausmahlung von Weizen zu Feinmehl bestanden aus französischem Quarzit, darum wurden sie kurz Franzosen genannt. Für die grobe Müllerei, wie zum Beispiel zum Schroten oder zum Pellen von Graupen, genügten im Münsterland den Müllern die Ibbenbürener Sandsteine, denn die „blauen Eifeler" und die „Franzosen" kosteten ein Vermögen. Dafür hielten sie länger. Die Franzosen hatten zum Beispiel bei normaler Belastung in einer Weizenmühle eine Lebensdauer von 50 bis 70 Jahren.

Die Eifeler Steine und die Franzosen kauften die Müller nur als Läufer mit etwa 45 cm Stärke. Waren sie abgemahlen und brachten keine Leistung mehr, wurden sie als Bodensteine eingesetzt. Bei weniger als 10 cm Stärke waren sie auch dafür nicht mehr brauchbar und erhielten eine neue Aufgabe in Müllers Garten als Tischplatte, Brunnenabdeckung oder als Trittstufe vor der Haustür.

Steinauge nennt der Müller das Loch in der Mitte des Läufers. Es dient der Zuführung des Mahlgutes und auch der Zuführung der Kühlluft während des Mahlvorganges, denn heiß gewordenes Mehl verlor seine Backfähigkeit. Außerdem wurde im Steinauge die Haue verankert, die gemeinsam mit dem Mühleisen den oberen Mühlstein tragen muß.

Spindelloch heißt es beim Bodenstein. Durch die Mitte des Bodensteins wird hier das durchgehende Mühleisen (Spindel) geführt und von den Gleithölzern der Buchse umschlossen.

Mühlsteinschärfen heißen die Furchen in der Mahlfläche des Obersteins und des Untersteins, die nach einem durch die Aufgabe bestimmten System eingeschlagen sind. Während der Läuferstein sanft auf das Mahlgut drückt, versucht der Bodenstein, die Körner mit seinen Schärfen zurückzuhalten; außer-

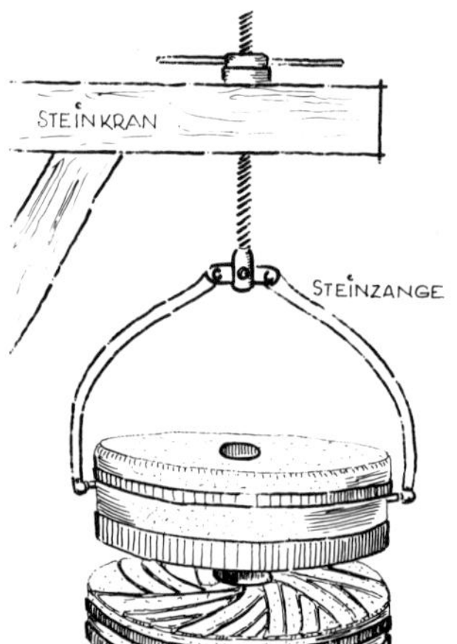

Ausbau der Mühlsteine.

Werkzeug zum Schärfen der Mühlsteine.

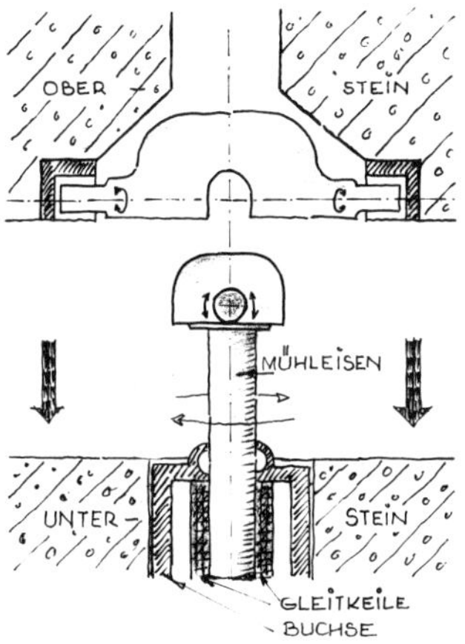

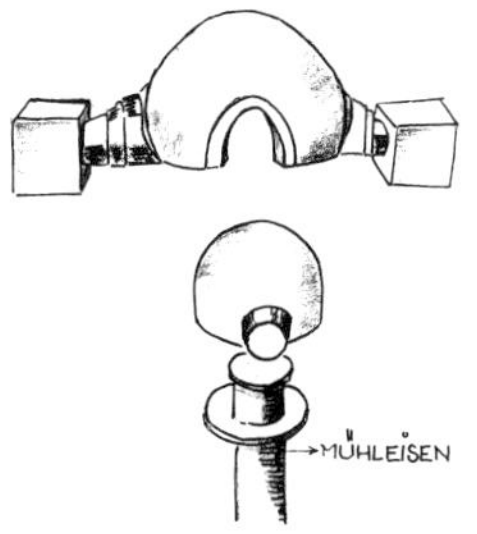

Die Kugelhaue kam um die Jahrhundertwende in den Mühlen auf.

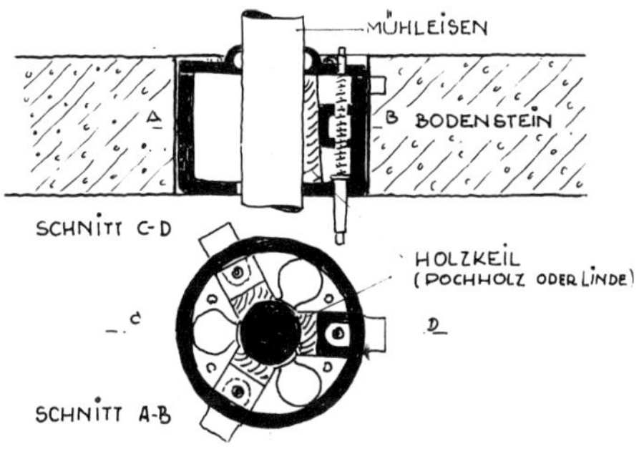

Die „Buchse" dient zum Führen des Mühleisens im Bodenstein.

dem transportieren die Arbeitsfurchen des Untersteins das Mahlgut zum „Rand". Die Furchen des Obersteins führen dem Mahlgut Frischluft zur Kühlung zu. Kunst des Müllers ist neben der Wahl des Steinmaterials auch das richtige Schärfen. So sprechen die Müller von schneidenden Schärfen für Roggen, von schälenden Schärfen für Gerste und von auflösenden Schärfen für Weizen. Die Schärfen der Mühlsteine nutzten sich ab und mußten je nach Mahlleistung alle 14 Tage bis 3 Wochen nachgeschlagen werden. Mit Hilfe des Steinkrans und der eingehängten Steinzange konnte dazu der Oberstein abgehoben und gedreht auf der Steinbühne abgelegt werden.

Mühleisen oder *Spindel* heißt die senkrechte Achse, die den Läufer trägt. In der Sythener Mühle ist es ein 90 mm starker Rundstahl. Das Mühleisen steht in der Lagerpfanne, die von einem schweren, im Fundament verankerten Fuß umschlossen wird.

Die Haue stellt die Verbindung zwischen dem Läuferstein und der sich durch den Antrieb drehenden Spindel her. Hauen haben verschiedene Formen und Entwicklungsstufen. In der Sythener Mühle war eine Kugelhaue eingesetzt. Bei dieser Form ist die Haue als Kreuzkopf ausgebildet und hängt mit dem Oberstein so auf dem Mühleisen, wie der Kreiselkompaß auf Schiffen. Darum heißt die Kugelhaue bei den Müllern auch Balancierhaube.

Die Buchse führt mit ihren Gleithölzern das Mühleisen durch das Spindelloch des Mühlsteins. Die Gleithölzer haben die Aufgabe, das durch den Mühlstein belastete Mühleisen exakt senkrecht zu halten und vor Verschleiß und vor Schlägen des Getriebes zu schützen. In der Sythener Mühle war die Buchse ein Gußeisengehäuse, in das an drei Stellen je ein Doppelkeil aus Pockholz eingelegt war. Durch Korrekturschrauben ließen sich die Gleithölzer so verschieben, daß die Spindel nur sehr geringes Spiel hatte, absolut senkrecht stand und nicht vibrierte.

Die Einrichtung des Mahlganges

Der Bodenstein jedes Mahlganges lagerte auf den Tragebalken der Mühlenbühne und wurde von der „Zarge" (Geschlinge) fest umschlossen und damit unverrückbar festgelegt. Korrekturen der absolut horizontalen Lage machten im Anfang untergelegte Keile möglich. Diese wurden später, wie zum Beispiel in der Sythener Mühle, durch Stellschrauben ersetzt.

Für die Durchführung des Mahlauftrages: „fein schroten", „grob schroten", „scharf ausmahlen" oder „weniger scharf ausmahlen" war der richtige Abstand des Läufers vom Bodenstein zwingend. Für diese Feineinstellung stand dem Müller das *Lichtwerk* zur Verfügung, mit dem er das Mühleisen und damit den Läuferstein um Millimeter heben oder senken konnte.

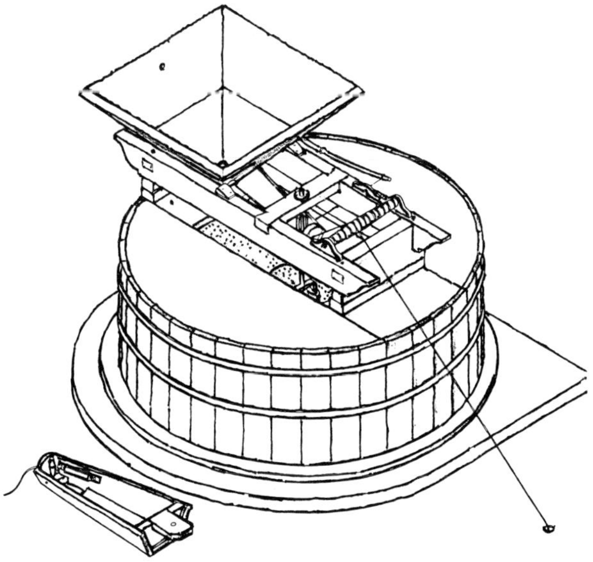

Die Bütte mit Rumpftrichter und Rüttelschuh.

Der Kasten, auch Steinkasten oder Bütte genannt, diente dem staubdichten Abschluß der Mühlsteine während des Mahlvorganges. Bei der Sythener Mühle war der Steinkasten aus senkrecht gestellten Hobeldielen gefertigt und von den Zargen gehalten. Darum wird in manchen Orten auch der ganze Kasten „Zarge" genannt. Der Name „Bütte"

Ein Baum wächst durch einen Mühlstein.

stammt aus vergangener Zeit, als der Steinkasten wie eine sich nach oben verjüngende Faßhälfte aussah.

Zwischen Kastenwand und den Mühlsteinen war ein handbreiter Zwischenraum, „Rand" oder „Lauft" genannt. Hier sammelte sich das durch die Zentrifugalkraft herausgeschleuderte Mahlgut und fiel durch ein Holzrohr in einen angebundenen Sack. Der Müller hielt sich oft am „Mehlloch" auf; das ist die Stelle, wo sich das Mehl sammelt und vom „Rand" in das Holzrohr fällt. Hier prüfte er zwischen den Fingerspitzen die Güte des Mehles. Aufgegeben wurde das Getreide in den „Rumpftrichter", der ein geeichtes Fassungsvermögen hatte. Ein von der Spindel angestoßener „Rüttelschuh" sorgte für das kontinuierliche Nachlaufen der Körner, die über die „Gosse" in das „Steinloch" des Läufers geschüttet wurden. Ein Grobsieb verhinderte das Mitrutschen von Fremdkörpern wie Steine oder Nägel, die Schäden an den Mahlsteinen verursachen konnten.

Vom Worfeln, Dreschen und Reinigen des Korns

Bevor das Getreide dem Mahlgang aufgegeben werden kann, muß es zunächst von Staub, Steinchen, Strohteilen, Unkrautsamen, Metallstückchen und allen sonstigen Femdkörpern befreit werden. In modernen Mühlen erfolgt diese Reinigung durch Maschinen mit Hilfe von Luft, Rüttelsieben, Magneten und Waschvorrichtungen. Als es noch die Lohnmüllerei gab, reinigte der Mahlgast sein Getreide selbst, bevor er es zur Mühle brachte. Anfänglich mußten die Körner mit der Schaufel gegen den Wind geworfen werden, damit sich „die Spreu vom Weizen trennte" (Worfeln genannt).

Die Wannmühle brachte eine große Arbeitserleichterung. Als die neuen Dreschmaschinen aufkamen, waren diese gleich mit einer Getreidereinigung gekoppelt.

Vom Beuteln (Sieben und Sichten) des Mehls

Nach dem Vermahlen des Korns enthält das Mahlgut noch unverdauliche Ballaststoffe. In der Antike, als Körnerfrüchte noch auf Reibmühlen gemahlen wurden, fächerten die damit beschäftigten Frauen die holzigen Spelzen und Schalen mit einer Hühnerschwinge aus dem Mahlgut.

Die anspruchsvollen Bürger Roms verlangten bereits zu Cäsars Zeiten, daß das Mehl zu ihrem Brot vorher durch Wollgewebebeutel geschlagen und dadurch gesiebt wurde.

Bis ins hohe Mittelalter wurde bei uns in den Wassermühlen auf dem Lande das Mahlgut hinter dem Mahlgang nicht mehr gesiebt. In landesherrlichen Mühlen oder auch in städtischen Mühlen machten das für anspruchsvolle Mahlgäste besondere Mühlenknechte (Scheideler oder Beuteler). Natürlich konnte das auch jeder Mahlgast selbst machen.

Ab Anfang des 16. Jahrhunderts wurde auch im Münsterland eine in Frankreich erprobte, wesentliche Verbesserung in der Mühlentechnik bekannt. Das Mahlgut fiel nach Verlassen des Mahlganges in einen 2 m langen, straff gespannten, schlauchartigen Beutel aus Wollgaze, der vom Mühlenantrieb gerüttelt und geschlagen wurde. Das Mehl fiel in den Beutelkasten und wurde abgesackt. Den Grobanteil warf der Beutel im Kleiekasten ab. Beutelkasten und Vorkasten waren staubdicht umkleidet.

Der Sichterbeutel wurde abgelöst durch den „Absauberer", ein mit feinstem Siebgewebe bespanntes Flachsieb. Nach dem „Absauberer" lieferten die

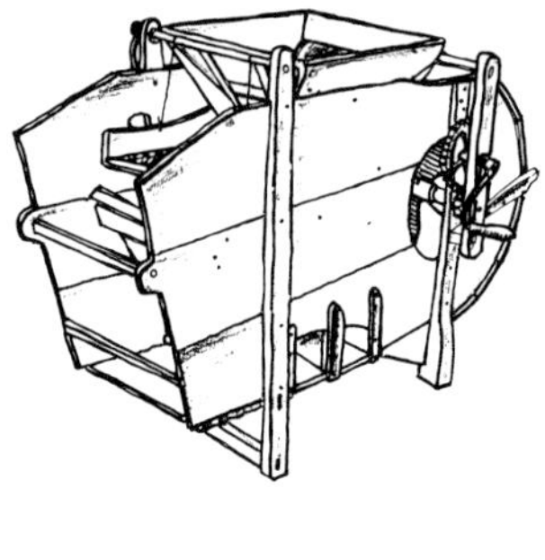

Wannmühle.

Fachfirmen wie Askanie und andere den Mühlen den „Sechskanter“. Noch heute findet man in vielen alten Mühlen diesen Sichtertyp. Er besteht aus einem mannshohen Kasten, in dem sich ein großer mit Seidengaze bespannter Zylinder dreht, der über einen Exzenter gerüttelt wird.

Die münsterländische Bevölkerung war nicht so anspruchsvoll wie die Mitglieder privilegierter Familien oder wie reiche Städter. Sie verlangten kein schneeweißes Mehl, sondern bevorzugten ein kräftiges Brot aus einem Mehl, das noch die wertvollen Bestandteile des Kornes enthielt. Da zur Zeit der Lohnvermahlung keine Vorräte an Mehl angelegt wurden, konnte auch der wertvolle Keimling im Mehl bleiben. Die anfallende Kleie war ein hervorragendes unentbehrliches Viehfutter.

Allgemein wurde das Mahlgut in den Mühlen des Münsterlandes nur einmal aufgegeben und im Büdelwerk das Mehl von der Kleie getrennt. Die Müller sprachen vom

Schrot = sehr grob gemahlen,
Grieß = fein geschrotet,
Dunst = Feingrieß,
Mehl = sehr fein gemahlen.

Zur Herstellung verschiedener Mehlfeinheiten mußte das Mahlgut mehrmals aufgegeben werden.

In einer 1807 erschienenen Enzyklopädie über Müllereiverfahren heißt es über die Mahlmethode mit mehrfacher Aufgabe:

Beim 1. Mahl:	der Weizen wird gespitzt und von der Kleie abgerieben.
Beim 2. Mahl:	das Aufgabegut wird geschrotet.
Beim 3. Mahl:	das Mahlgut wird gebeutelt und ergibt das ordinäre Mehl.
Beim 4. Mahl:	ergibt das Mittelmehl.
Beim 5. Mahl:	ergibt das feine Mehl.
Beim 6. Mahl:	alle Rückstände werden noch einmal aufgegeben und scharf gemahlen, das ergibt schwarzes Mehl im Münsterland von den Müllern Bollmehl genannt. Übrig bleibt die Kleie.

Anfang des vorigen Jahrhunderts wurde auch bei uns eine in Amerika entwickelte Verbesserung der Mühlentechnik eingeführt. Der Materialtransport von Korn und Mahlgut erfolgte über vom Mühlenrad angetriebene Schnecken- und Becherwerke. Verschiedene Sichter waren so hintereinander geschaltet, daß nicht mehr das Mahlgut zur Erzielung verschiedener Mahlfeinheiten mehrmals, sondern nur ein einziges Mal aufgeschüttet werden mußte.

Schaudreschen anläßlich der 800-Jahr-Feier von Wüllen.

Obwohl sich das Sichterwerk in den alten Kornmühlen seit Beginn des technischen Zeitalters erheblich verändert und verbessert hatte, nannten die Müller diesen Teil der Mühlenanlage immer noch „Büdelwerk“ = Beutelwerk. Mit Aufkommen der Walzenstühle in den Mühlen wurden zum Aufteilen der Mehlfeinheit Plansichter aufgestellt.

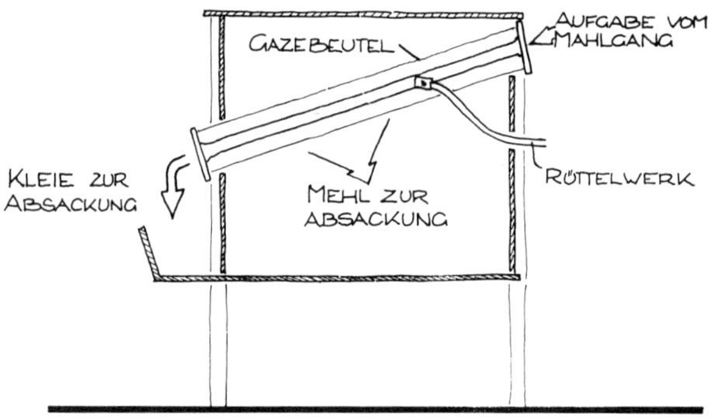

Schema der Wirkungsweise des Beutelwerkes zum Trennen der Kleie vom Mehl.

Beschreibung der Ölmühle

Zu den für das Münsterland typischen Doppelmühlen gehörte neben der Kornmühle auch eine Ölmühle. Aus Rapssamen, Leinsamen und Bucheckern wurde Öl geschlagen, das als Speiseöl und Lampenöl unentbehrlich war. Leinöl war bestes Speiseöl und außerdem begehrter Firnis für die Möbelhersteller und Maler.

Die angelieferten ölhaltigen Körnerfrüchte wurden zuerst auf dem Kollergang zerquetscht. Ein Kollergang bestand aus einer mühlsteinähnlichen Grundplatte aus einem dichten Gestein (z. B. Basalt) von etwa 2 m Durchmesser, auf der zwei mühlsteinähnliche Walzen von etwa 45 cm Breite und 1,50 m bis 2 m Höhe hochkant umliefen. Ein Abstreifer schob den fertig gekollerten Brei in einen zum Tragen geeigneten Behälter. Es gab das wertvollere kalt geschlagene Öl und das ergiebigere heiß geschlagene Öl. Die meisten Ölmühlen im Münsterland waren für heiß geschlagenes Öl eingerichtet. Der gekollerte Ölsamenbrei wurde der Ergiebigkeit wegen vorher in einem Kupferkessel erhitzt. Dann füllte der Ölmüller ihn in flache Säckchen (etwa 10 kg) aus fettabweisendem Pferdehaar, die zwischen Druckplatten in den Schlagbock (einem mächtigen, kantig geschlagenen Eichenstamm mit einer Ausnehmung) geklemmt wurden und setzte die Keile an. Die von den Nocken an der Mühlradwelle hochgehobenen und fallengelassenen Schlaghölzer rammten die Preßkeile zwischen die Druckplatten. Das dabei ausgepreßte Öl wurde aufgefangen. Es blieben Preßreste zurück, die ein zweitesmal erhitzt und ausgepreßt wurden. Ein Schlag auf den Lösekeil beendete jeden Preßvorgang. Die übrig bleibenden Preßreste hießen Ölkuchen und waren ein wertvolles Mastfutter.

Nunmehr füllte der Ölmüller das gewonnene Öl in Steingutbehälter und ließ es zum Absetzen der Schwebstoffe einige Tage vor dem Abfüllen zur Ruhe kommen. Vor dem Gebrauch in der Küche kochten die Hausfrauen das im Münsterland überwiegende Rüböl zur Geschmacksverbesserung unter Zugabe von Schwarzbrot und Möhren auf und schöpften den entstehenden Schaum ab.

Das Ende der handwerklichen Ölmühlen kam, als Petroleum als Lampenöl und Margarine und Palmine als Speisefette in der Küche das heimische Rüböl verdrängten. Die meisten Ölmühlen stellten Ende des 19. Jahrhunderts ihren Betrieb ein, andere versuchten durch Umstellung auf rentableren Preßbetrieb, wie zum Beispiel die Deutener Mühle bei Dorsten, den Anschluß zu halten. Glücklicherweise hielten etliche Ölmüller im Münsterland trotz aller Schwierigkeiten ihre Anlage so in Ordnung, daß sie in den Notzeiten der beiden Weltkriege und den nachfolgenden Hungerjahren den Betrieb wieder aufnehmen konnten.

Mit der ganzen Familie wurden im Wald Bucheckern gesammelt und in der nächsten Ölmühle zu Öl umgetauscht. So war es auch in den Jahren nach 1945, als es Fettmangel, aber auch besonders günstige Bucheckern-Erntejahre gab.

Autor Schwarz vor dem Schlagbock in der Ölmühle Overmeyer.

Beschreibung der Walkmühle

Unter Walken versteht man eine Veredelung von Wollgeweben durch Verfilzen und Stauchen zu Tuchen, Hutmaterial und Filze für technische Zwekke. Die Wollweber (Wüllner, Wandmacher oder Tuchmacher) brachten ihre Erzeugnisse zur Walkmühle. Hier kamen die Wollgewebe in ein saures oder alkalisches Wasserbad. In einigen Gegenden des Münsterlandes gab es für dieses Walkmedium eine passende Tonerde. Die Walkmüller in den Gebieten ohne solche Tonerde, wie zum Beispiel in der Deutener Mühle, legten die Wollgewebe zum Verfilzen in eine Lösung aus Wasser, Schmierseife und Urin, der im Krankenhaus gesammelt wurde. Die Wollgewebe blieben solange in diesem Bad, bis sie genügend verfilzt waren und mußten dann vom Walkmüller unter mehrfachem Wenden auf dem Schlagtisch gewalkt (gestaucht) werden. Die Walkhölzer waren Stempel, die von den Nocken an der Mühlradwelle angehoben und fallengelassen wurden.

Als in der Mitte des vorigen Jahrhunderts Tuchfabriken die handwerkliche Tuchherstellung überflüssig machten, wurden die Walkmühlen stillgesetzt und abgerissen.

Die Mühle

Es klappert die Mühle am rauschenden Bach:
Klipp, klapp!
Bei Tag und bei Nacht ist der Müller stets wach:
Klipp, klapp!
Er mahlet uns Korn zu dem kräftigen Brot,
Und haben wir solches, so hat's keine Not.
Klipp, klapp! Klipp, klapp! Klipp, klapp!

Flink laufen die Räder und drehen den Stein:
Klipp, klapp!
Und mahlen den Weizen zu Mehl uns so fein:
Klipp, klapp!
Der Bäcker dann Zwieback und Kuchen draus bäckt,
Der immer den Kindern besonders gut schmeckt.
Klipp, klapp! Klipp, klapp! Klipp, klapp!

Wenn reichliche Körner das Ackerfeld trägt:
Klipp, klapp!
Die Mühle dann flink ihre Räder bewegt:
Klipp, klapp!
Und schenkt uns der Himmel nur immerdar Brot,
So sind wir geborgen und leiden nicht Not.
Klipp, klapp! Klipp, klapp! Klipp, klapp!

Ernst Anschütz (1780–1861)

Das zerbrochene Ringlein

In einem kühlen Grunde
Da geht ein Mühlenrad,
Mein Liebste ist verschwunden,
Die dort gewohnet hat.

Sie hat mir Treu versprochen,
Gab mir ein'n Ring dabei,
Sie hat die Treu gebrochen,
Mein Ringlein sprang entzwei.

Ich möcht als Spielmann reisen
Weit in die Welt hinaus,
Und singen meine Weisen,
Und gehn von Haus zu Haus.

Ich möcht als Reiter fliegen
Wohl in die blut'ge Schlacht,
Um stille Feuer liegen
Im Feld bei dunkler Nacht.

Hör ich das Mühlrad gehen:
Ich weiß nicht, was ich will –
Ich möcht am liebsten sterben,
Da wär's auf einmal still!

Joseph von Eichendorff (1788–1857)

Die Technikgeschichte der Windmühle

Ein Überblick

Als der römische Architekt und Ingenieur Vitruvius 25 v. Chr. sein zehnbändiges Werk „De architectura“ verfaßte und darin alle bekannten Errungenschaften seiner Zeit in Technik und Kultur aufführte, hat er zwar die Wassermühle beschrieben, aber mit keinem Wort die Windmühle erwähnt. Das ist wohl ein Zeichen dafür, daß sie noch nicht bekannt war.

Die Windmühle scheint sich wesentlich später entwickelt zu haben. Eine erste Beschreibung von einer Windmühle in Sistan (Sakastana), dem Hochland beiderseits der afghanisch-iranischen Grenze, gibt der in Bagdad geborene Geograph und Historiker Al-Mad'sudi. In seiner um 950 n. Chr. erschienenen Enzyklopädie hat er, wie viele Gelehrte der alten Zeit, den Entwicklungsstand von Technik und Kultur festgehalten. Er beschreibt die Windmühle in Sistan als einen Turmbau, in dem sich horizontal ein mit Segeltuch bespanntes Rad dreht. Durch sich nach innen verengende Schlitze im Außenmauerwerk wird der Wind auf dieses Windturbinenrad gelenkt, und die senkrechte Achse gibt die Drehbewegung auf einen Mahlgang.

Es hat nicht an Versuchen gefehlt, die Horizontalmühle weiter zu entwickeln, aber in Europa konnte sie sich nicht durchsetzen.

Erste Windmühlen mit vertikal gestellten Flügeln bzw. mit segelbespannten Windrädern entstanden im Mittelmeerraum an Steilküsten, an denen der Wind stets vom Meer her aus gleicher Richtung kam. So waren die Mühlengebäude massiv, denn sie brauchten noch nicht gedreht zu werden.

Nördlich der Alpen gibt es aber solche beständigen Windverhältnisse nicht. In der Normandie entwickelten sich um 1180 die ersten Bockwindmühlen mit vertikal gestellten Flügeln, die man in den Wind drehen konnte.

Überraschend schnell eroberte die Kunst des Windmühlenbaues auch die Nachbarländer, insbesondere die Küstenländer, in denen aus technischen Gründen der Bau von Wassermühlen schwierig war.

Tibus stellt in seinem Werk „Stadt Münster“ fest, daß Bockwindmühlen seit Mitte des 13. Jahrhunderts am Niederrhein urkundlich nachweisbar sind. Die älteste Bockwindmühle im Münsterland wird laut Tibus 1298 urkundlich in Ennigerloh erwähnt. Aus dem Jahre 1453 berichtet eine „Bischofschronik“ vom Besuch des Bischofs von Utrecht, Roleff van Deypholte, in Münster, der vor der Stadt „achte wyndemoilen“ zählte. Kerssenbrock erwähnt später in seiner „Wiedertäufergeschichte“ sechzehn Windmühlen im Umkreis der Stadt Münster. Das ist ein Beweis, daß nach der hundertjährigen Wirtschaftskrise durch die Pest ein Aufschwung kam und Windmühlen die Lücken im Netz der Wassermühlen schließen halfen. Aber auch Windmühlen konnte im Münsterland nur der bauen, dem der Landesherr die Mühlengerechtsame dazu erteilte. Zu diesen Privilegierten gehörten vor allem der Adel, die Stifte und Klöster sowie die Städte.

Sie mußten eine Abgabe an die Landeskasse zahlen, bekamen aber dafür einen Bannbereich, so daß keine Mühle, ob mit Wind oder Wasser betrieben, die Nachbarmühle störte, noch Konkurrenz machte. Da aber die Bevölkerungszahl wuchs, stieg auch der Bedarf an Mühlenerzeugnissen weiterhin an. Die Windmühlen wurden nicht nur zum Vermahlen von Getreide eingesetzt; bald entwickelten sich zusätzliche Anwendungsbereiche, wie das Entwässern von Feuchtgebieten, aber auch der Antrieb von Ölmühlen, Schlag- und Walkmühlen, Sägewerken und ähnlichen Betrieben.

Wenn auch die Windmühlen heute als wirtschaftliche Mahlanlagen für Getreide ausgedient haben, so fasziniert doch jede noch bestehende Anlage als Zeugnis einer hochstehenden Baukultur. Unseren heutigen Architekten und Konstrukteuren sollten die alten Windmühlen ein Beispiel und Vorbild sein, daß Produktionsstätten, auch wenn sie nach rein technischen Erfordernissen erbaut werden müssen, trotzdem ästhetische und das Auge erfreuende Bauwerke sein können.

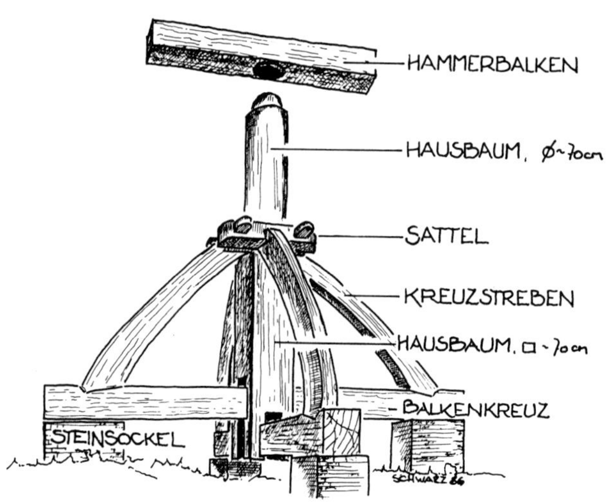

Der Hausbaum mit Balkenkreuz und Hammer.

Die Bockwindmühle

Ihren Namen hat die Bockwindmühle von der kräftigen Tragekonstruktion, dem „Bock", auch Stander genannt, der das drehbar gelagerte Mühlengehäuse (den Kasten) samt den Mühlenflügeln, den Mahlgängen und den Getriebeteilen trägt.

Der Bock besteht aus dem mächtigen Hausbaum, der von kräftigen Kreuzstreben abgestützt, seine Lasten über ein Schwellenkreuz an die Fundamentsockel abgibt. Der Hausbaum selbst belastet die Schwellen nicht, diese halten den Fuß nur in fester, mittiger Lage. Über den Anschlüssen der Kreuzstreben ist der Hausbaum von vier miteinander verzapften Balken, dem „Sattel", fest umschlossen. Bis an diese Stelle ist der 70 cm bis 80 cm starke Baum kantig geschlagen und darüber gerundet, um die Drehbewegung des Kastenbodens zu ermöglichen. Der Kopf des Standers ist zu einem kräftigen, konischen Zapfen ausgebildet und darauf liegt der Hammerbalken mit dem Zapfenloch. Der drehbar gelagerte Hammerbalken, auch Mehlbalken genannt, trägt das Mühlengehäuse mit allen zusätzlichen Lasten. Auf dem Sattel wird der Kasten mit dem Boden abgestützt und ausgesteift. Zwischen den Lagerbalken des Bodens ist ein geschwungenes, weit herausragendes Kantholz eingebaut. Bei den Müllern im Münsterland heißt dieser Balken „Steert"; er bildet mit dem Treppenaufgang das Gegengewicht zu dem großen Kammrad und den Windmühlenflügeln (Fluchten). Mit dem Steert wird die Mühle zu Betriebsbeginn in den Wind gedreht; dabei erleichtert eine Winde diese Aufgabe.

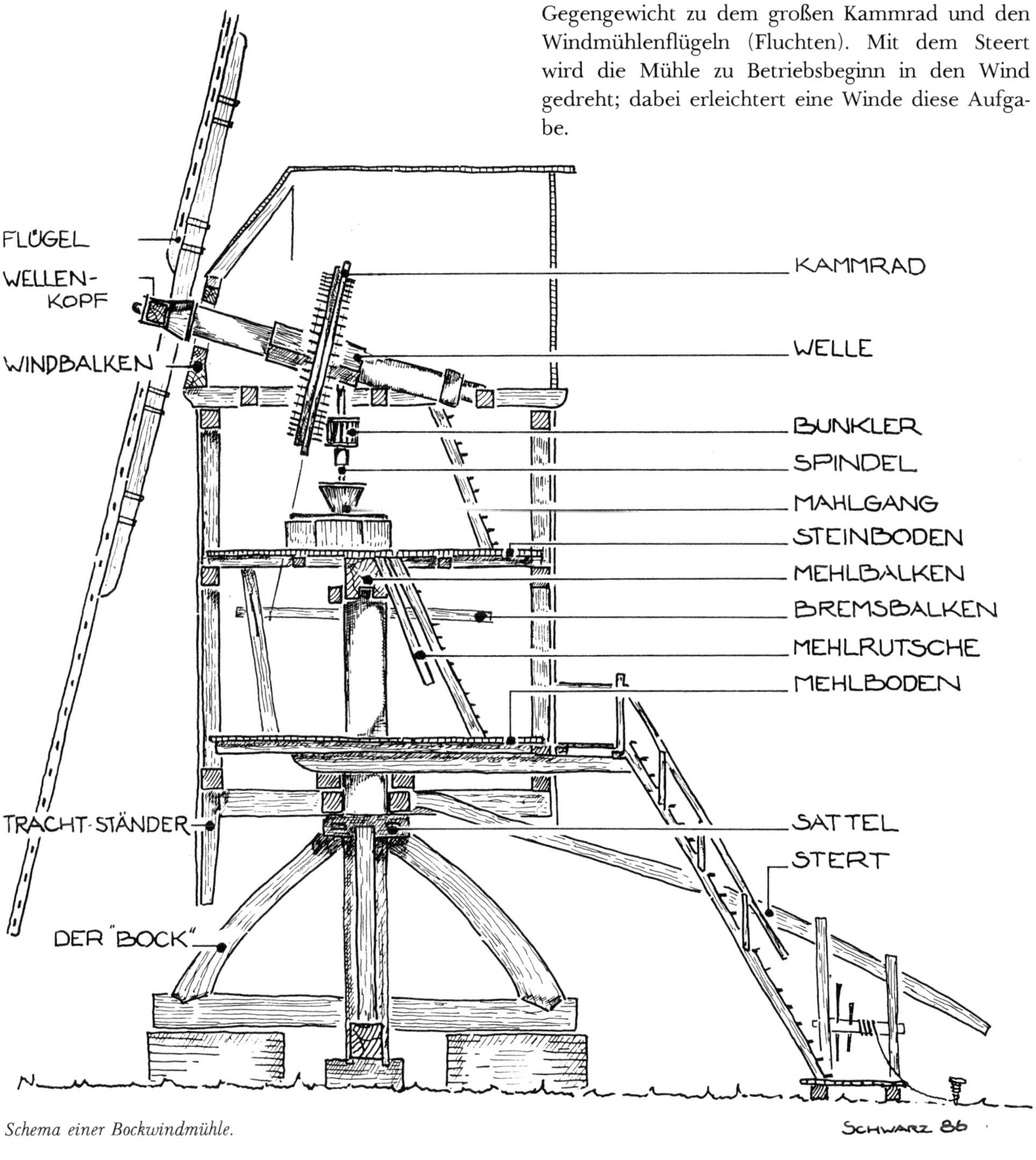

Schema einer Bockwindmühle.

Die Mühlenbaumeister haben mit der Bockwindmühle ein Zeugnis hohen Könnens abgelegt, denn der Bock mußte allein 40 bis 50 Tonnen ruhende Last tragen, dazu kam die Windbelastung, die bei plötzlichen Änderungen der Windrichtung und Stärke erheblich sein konnte. Schlimmster Feind des Windmüllers war plötzlich aufkommender Sturm. Der Windmüller mußte den Wetterumschwung früh genug erahnen, die Mühle in Ruhestellung bringen, die Segel einrollen und alles fest verzurren.

Die Kokerwindmühle

Die Kokerwindmühle ist eine technische Weiterentwicklung der Bockwindmühle. Der „Bock“ ist durch einen pyramidenförmigen hölzernen Bau ersetzt. Dieser feststehende Unterbau nimmt die beiden Mahlanlagen auf. Der drehbare Oberbau, „Kasten“ genannt, enthält nur die Flügelwelle und das aus Kammrad und Bunkler bestehende Getriebe. Die Verbindung zwischen drehbarem Mühlenhaus und feststehendem Unterbau bildet nicht der Hausbaum, wie bei der Bockwindmühle, sondern ein Köcher (Koker), durch den die senkrechte Königswelle verläuft. Der drehbare Kasten wird, wie bei der Bockwindmühle, vor Inbetriebnahme durch einen Sterz von Hand mit Hilfe von Winden in den Wind gedreht. Das große auf der Welle sitzende Kammrad überträgt die Drehbewegung der Flügel auf das obere Spindelrad der Königswelle (Kronrad oder Bunkler). Das untere Spindelrad der Königswelle (oder des Königs) gibt die Antriebskraft wieder auf die anzutreibende Maschine.

Die Kokerwindmühle (Wippmühle) ist eine holländische Entwicklung, die besonders für Entwässerungsaufgaben eingesetzt wurde und auch heute noch an vielen Plätzen in den Niederlanden ihre Aufgabe voll erfüllt.

Die Kappenwindmühle oder Holländer Windmühle

Die Kappenwindmühle, allgemein auch Holländer Windmühle genannt, wurde zuerst von dem im Jahr 1605 verstorbenen holländischen Ingenieur und Mühlenbaumeister Jan Adrianz Legwater erbaut.

Ihre Konstruktion ist die sinnvolle technische Weiterentwicklung von der starren Turmwindmühle des Mittelmeerraumes, deren Flügel nicht in den Wind gestellt werden konnten, über die Bockwindmühle und die Kokerwindmühle, bei denen der ganze Oberbau in den Wind gedreht werden mußte.

Die Idee einer drehbaren Mühlenkappe hatte vor Legwater bereits der italienische Künstler Leonardo da Vinci (1452–1519), der sich viel mit technischen Dingen befaßte und in seinem Skizzenbuch die Überlegungen dazu zeichnerisch festgehalten hat.

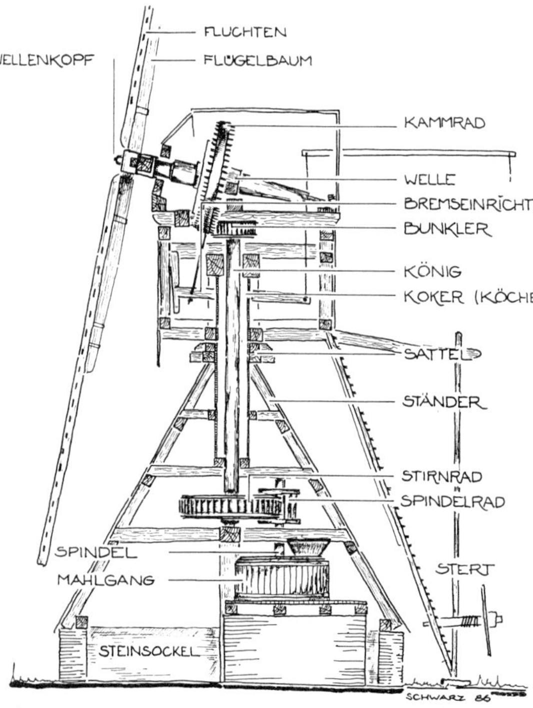

Schema einer Kokerwindmühle.

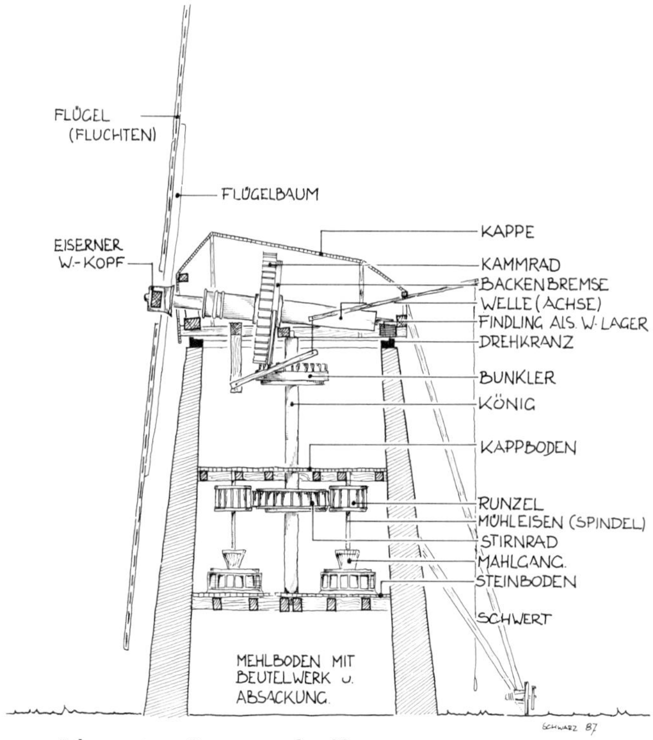

Schema einer Kappenwindmühle.

Es ist auch durchaus möglich, daß es schon Turmwindmühlen mit einem Schwenkbereich der Windmühlen-Flügelwelle gegeben hat, doch der Kappenwindmühle von Legwater war der große Erfolg beschieden: Sie eroberte nicht nur die Niederlande und die Küstengebiete der Nordsee und Ostsee einschließlich Niedersachsen und Westfalen, sondern auch Skandinavien, Polen, Rußland, Amerika und andere überseeische Länder.

Die Kappenwindmühle hat einen hohen turmartigen Aufbau, der sich nach oben verjüngt. Der Grundriß ist rund oder sechs- bis sechzehneckig.

Die Holländer bauten die Kappenwindmühlen zuerst nur aus Holz und setzten sie zur Entwässerung und Trockenlegung von Land ein. Da sich dieser Mühlentyp aber auch hervorragend als Getreidemühle, auch als Antrieb für Stampfwerke, Schlagwerke, Sägewerke und Kollergänge eignete, bauten die Holländer aus Ersparnisgründen den feststehenden Gebäudeteil massiv aus Ziegelsteinen. Auf dem starren Unterteil ruht die auf hölzernen oder eisernen Rollen drehbare Kappenkonstruktion, in der die leicht geneigt liegende Flügelwelle mit dem großen Kammrad gelagert ist. Die Haube wird entweder über ein Haspel von innen gedreht oder hat auch einen an der Rückseite der Dachhaube herausragenden Balken, der bis zum Boden geführt und durch Seitenhölzer, sogenannte Schwerter, ausgesteift ist. Die große Hebelwirkung dieses „Sterz" ermöglicht es, das Dach relativ kraftsparend zu drehen.

Ohne Zweifel war die Kappenwindmühle hinsichtlich des Aufwandes für die Unterhaltung und auch in der Lebensdauer der Bockwindmühle überlegen und löste sie ab. Noch Ende des vorigen Jahrhunderts wurden im Münsterland Kappenwindmühlen neu errichtet.

Fachausdrücke münsterländischer Windmüller

Bevor der Müller einer Kappenwindmühle mit dem Vermahlen oder Schroten von Korn beginnen kann, muß er die Kappe in den Wind drehen und die Flügel mit Segeln bespannen, die im Ruhezustand aufgerollt an der Innenkante der Flügel festgebunden sind. Je nach Windstärke hat der Müller die Möglichkeit, die Segel auf den Flügeln entweder ganz oder nur teilweise zu entfalten. Vom „Erdholländer" sprechen die Windmüller, wenn die Kappe und die Segel vom Erdboden aus bedient werden können, vom „Galerieholländer", wenn die Bedienung von einer Galerie aus erfolgt. Ein „Wallholländer" hat um den Fuß des Turmes einen angeschütteten Erdwall, von dem aus Kappe und Segel bedient werden können.

Im Heimatkalender des Kreises Borken von 1951 hat Heimatfreund Theodor Große Venhaus Fachausdrücke in plattdeutscher Sprache aufgeschrieben, wie sie der damals schon betagte Windmüller Engelbertus Habers von der Windmühle in Crommert ausschließlich gebrauchte:

Die „Asse" ist ein sehr dicker, runder Eichenstamm, er liegt oben im Kopf der Mühle durchgehend. Auf beiden Seiten der Mauer liegt er auf einem „Dreihsteen". An der Stirnseite schaut er fast einen Meter heraus, das ist der „Assenkopp". Im „Assenkopp" sind die „Boßstücke" eingeklemmt. An diese „Boßstücke" sind die mächtigen Flügel angeschraubt. Das hintere Ende der „Asse" heißt „Pennende". Hier ist ein mächtiges Zahnrad, „Assenradd" angebracht. Dieses greift nun in ein anderes Zahnrad, welches oben an einem senkrecht nach unten gehenden dicken, runden Pfahl angebracht ist. Dieses Rad heißt „Bunkler", der Pfahl „Könnink". Am „Könnink" befindet sich in halber Höhe eine Vorrichtung zum Sackaufziehen. Unten am „Könnink" befindet sich das „Sternrad". In dieses greifen an zwei Seiten die Zahnräder von den beiden „Rümpels". Die „Rümpels" sind senkrecht stehende Pfähle, die mit ihrem unteren Ende in den oberen Mühlstein eingelassen sind. Der eine „Rümpel" dreht den Stein für Backmehl, der andere den Stein für Futtermehl. Der untere Mahlstein liegt fest verankert. Der „Könnink" steht auf dem „Drägebalken".

An beiden „Rümpels" sind „Staakisers" angebracht, diese greifen nach unten in den „Bummelkopp". Die Mühlsteine liegen in der „Fonderbanke". Auf der „Fonderbanke" liegt der „Spurbock". Durch die „Lechte" wird der obere Stein um den Bruchteil von einem Millimeter gehoben oder gesenkt, dadurch wird die Feinheit des Mehles reguliert. Beim Schärfen der Steine wird das „Rümpel" mit dem „Staakiser" hochgezogen. Die Mühlenhaube mit den Flügeln muß immer genau dem Winde entgegengesetzt gedreht werden. Das Ganze liegt auf vielen kleinen Holzrollen, diese laufen dann über die „Krühbahne". Die „Krühbahne" liegt oben auf dem runden Mauerwerk der Windmühle. Wenn schwacher Wind war, dann wurden die Segel an den Flügeln ganz gespannt, das hieß auf „vullen Topp". War der Wind etwas stärker, dann wurden die Segel nur dreiviertel gespannt, das hieß auf „Böwenline". War nun starker Wind, dann wurden sie nur halb gespannt, „op halwe Seels". Bei Sturmwind wurde nur ein Viertel gespannt, „op Underköttkes". Es konnte vorkommen, daß die Segel ganz aufgerollt wurden, dann liefen die Flügel „op blanke Latten". Wenn die Segel anders gespannt wurden, mußten erst immer die Flügel zum Stillstand gebracht werden. Dafür lag oben um das „Assenradd“ die „Prame“. Diese war eine Bremsvorrichtung aus hartem Holz. Mußte nun bei einem Unwetter plötzlich stark gebremst werden, so konnte die „Prame“ so stark angelegt werden, daß man das Stöhnen der Achse, die nun allmählich zur Ruhe gezwungen wurde, bis zu den nächsten Bauerngehöften hören konnte.

Die Mühlensprache

Die Müller haben immer versucht, guten Kontakt mit ihren bäuerlichen Mahlgästen zu halten. In der „guten alten Zeit“, als es noch kein Telefon gab und die Straßen schlecht und unbefestigt waren, wollte kein Bauer den beschwerlichen Weg zur Mühle mit seinen Kornsäcken nutzlos machen.

Darum gaben die Windmüller mit der Flügelstellung ihrer weithin sichtbaren Mühlen den Bauern und Mahlgästen Informationen, die nachstehend dargestellt sind.

Die Positionsstellung der Flügel hatte aber nicht überall die gleiche Aussage. Es ist zu bedenken, daß im Münsterland eine bestimmte Flügelstellung der Windmühle eventuell eine andere Information vermitteln sollte, als die gleiche Position der Windmühlenflügel in Holland, Friesland oder Schleswig-Holstein.

Fünfflügel-Mühle bei Wendhausen (Niedersachsen).

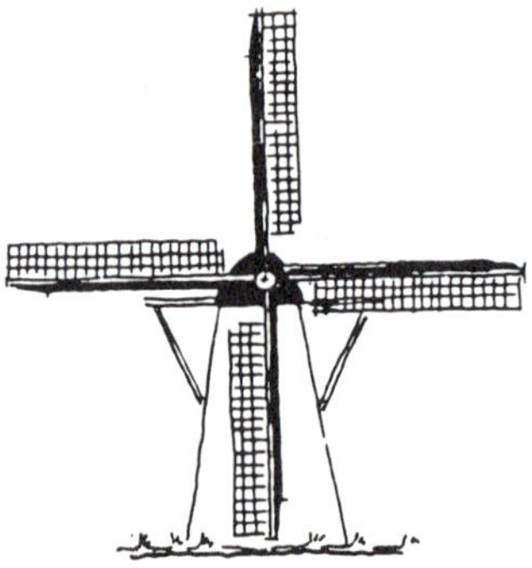

Längere Arbeitspause.

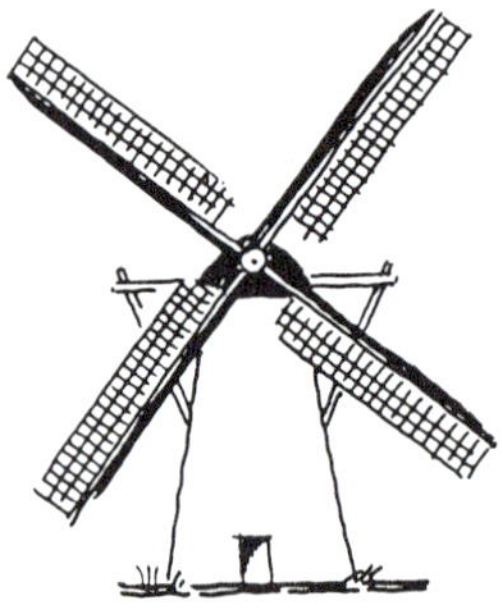

Kurze Arbeitspause,
Feierabend – Sonntagsruhe.

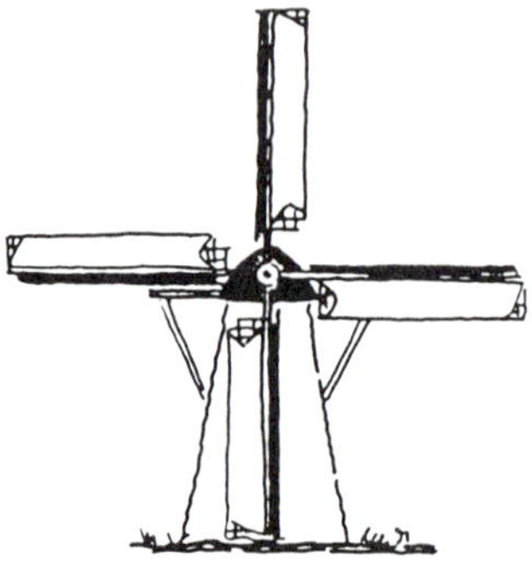

Mahlgäste können kommen,
wir haben nichts zu mahlen.

Freudenschere,
Feier in der Müllerfamilie.

Trauerschere,
Trauerfall in der Müllerfamilie.

Reparatur der Mühle,
kein Getreide bringen.

Die Hüvener Mühle im Emsland ist Wind- und Wassermühle zugleich.

Hermann Moog.

Min Mönsterland

Wiede Kämp un hauge Hieggen,
Biäcken blänkert dör dat Grön,
Rausenrueck flügg mi entgiegen:
Mönsterland, wat büß du schön!

Alle Lüd so knagg un kräftig,
All an Sinn un Jäß sick gliek,
All in Spraok un Dohn so däftig:
Mönsterland, wat büß du riek!

Sin dör vielle Länner strieken,
Dusend Frönn un Freiden harr'k –
Tratt üm Tratt häbb'k trügger kiecken;
Mönsterland, wat büß du stark!

Un wann't Liäben üm mi stürmde
In de dullste Luft – ick glaiw,
Ik gönk daut doch in de Früemde:
Mönsterland, wat häbb'k di leiw!

Friedrich Castelle

Die Entwicklung der Mühlen und des Mühlenwesens im Münsterland

Ein Überblick

Die Mühlengeschichte ist von Land zu Land unterschiedlich verlaufen, war sie doch von den vorgegebenen Bedingungen wie Klima, Landschaftsform und politischer, wirtschaftlicher und sozialer Entwicklung abhängig.

Das Münsterland ist eine Tiefebene und verständlicherweise bestanden hier für den Bau und für das Betreiben von Wassermühlen ganz andere Bedingungen als in hügeligen oder gar bergigen Landschaften.

Die Hauptmühlengewässer im Münsterland wie Lippe, Ems, Werse, Berkel, Vechte, Stever und alle anderen kleineren Bäche fließen träge dahin und mäandrieren.

Selbst heute nach erheblichen Begradigungen haben die Fließgewässer im Münsterland nur 30 bis 50 cm Gefälle auf einen Kilometer.

Die Zuflüsse der Ems, die ihr Quellgebiet im Teutoburger Wald haben, sind als Mühlengewässer nicht untersucht und ihre Mühlen, da untypisch für das Flachland, nicht aufgeführt.

Das Mühlenwesen ist in starkem Maße von den politischen, wirtschaftlichen und sozialen Gegebenheiten geprägt. Da das Münsterland immer schon Bauernland war und über 600 Jahre als geistliches Fürstentum unter der Herrschaft des Bischofs von Münster stand, ist auch das Mühlenwesen nicht mit dem in anderen Ländern vergleichbar.

Die nachstehende Beschreibung der Lippe und ihrer rechtsseitigen Zuflüsse Stever und Mühlenbach können als Beispiele gelten und auf die Verhältnisse der weiteren Mühlengewässer im münsterischen Flachland übertragen werden.

Die Mühlengewässer im Münsterland

Die *Lippe* entspringt am Westhang des Teutoburger Waldes bei Lippspringe und mündet bei Wesel

Die Lippe bei Flaesheim.

in den Rhein. Während der Oberlauf noch ein munter fließendes Gewässer ist, wird die Lippe ab Lippstadt ein träge fließender Flachlandfluß mit nur 55,2 m Gefälle auf 182,5 km, das sind nur 0,30 m je 1000 m.

Trotz des geringen Gefälles stand die Lippe vom 12. Jahrhundert bis zum Anfang des 17. Jahrhunderts ganz unter der Herrschaft des Mühlengewerbes. Allein von Hamm bis Lippstadt gab es zehn Mühlenwehre in der Lippe. Im unteren Abschnitt der Lippe, ab Hamm, scheinen statt der festen Mühlen mit Wehren Schiffsmühlen eingesetzt gewesen zu sein.

Im Mittelalter wurden beiderseits der Lippe die Eichenwälder rücksichtslos eingeschlagen, über Lippe und Rhein stromabwärts nach Holland geflößt und dort mit hohem Gewinn für die Grundherren verkauft. Nach einem Bericht aus dem Jahre 1526 passierten damals die Zollstation in Dorsten noch 225 Eichenstammflöße.

Mit dem Bau des Lippe-Seiten-Kanals und der Einleitung des Fluß-Wassers in den Kanal wurde den Mühlen an der Lippe regelrecht das Wasser abgegraben, und alle Betriebe mußten ihre Arbeit einstellen.

Die *Stever* entspringt in den Baumbergen, etwa 3 km nördlich von Nottuln und mündet nach Durchfließen des Halterner Stausees in die Lippe. Bis Appelhülsen bleibt die Stever ein munter fließender kleiner Bach. Mit Eintritt in die Ebene wird das Gefälle geringer und beträgt ab Lüdinghausen nur noch 50 cm je 1000 m.

Der *Heubach* entwässert mit einem System künstlich geschaffener Gräben die Merfelder Niederung. Er beginnt im Kuhlenvenn südwestlich Coesfeld, ändert nach Einmündung des Kettbaches bei Hausdülmen seinen Namen in Mühlenbach und fließt an Sythen vorbei der zum Halterner Stausee angestauten Stever zu.

Mit der Industrialisierung im vorigen Jahrhundert und dem Anwachsen des Ballungsgebietes Ruhr wuchs der Bedarf an landwirtschaftlichen Nutzflächen.

Mit Unterstützung der Regierung wurden große Moor- und Ödlandflächen kultiviert und mit Hilfe des neu aufgekommenen Kunstdüngers auch brauchbare Ernten erzielt. Der Heubach wurde begradigt, damit er das ankommende Wasser der Gräben aufnehmen konnte. Nach dem Ausbau beträgt das Gefälle des Heubach/Mühlenbaches rund 50 cm auf je 1000 m.

Wer nur Wassermühlen in hügeligem oder bergigem Gelände kennt, wie zum Beispiel an der Westfälischen Mühlenstraße im Kreise Minden-Lübbekke, in der Rhön, im Spessart oder im Schwarzwald, wird beim Lesen dieses Buches erstaunt sein, daß es im Flachland der Münsterischen Bucht soviele Wassermühlen gab und das Münsterland auch als Land der Windmühlen gelten konnte.

Die Stever an der Füchtelner Mühle.

Man muß sie allerdings suchen – unsere versteckt liegenden Wassermühlen und die nicht alles überragenden Windmühlen. Das Suchen und Finden auf einer Fahrradtour mit der Radwanderkarte in der Hand macht eine Mühlenfahrt im Münsterland zum Erlebnis.

Die Mühlenbäche als Fischgewässer

Bis zum Beginn dieses Jahrhunderts waren die Flüsse und Bäche des Münsterlandes hervorragende Fischgewässer. Reich war der Bestand an Forellen und Äschen, Nasen, Döbeln, Brassen, Barschen,

Bäche und Gräben in der Heubach-Niederung.

Hechten, Schleien, Barben, Aalen und Krebsen. Zur Laichzeit im Mai zogen die Fische in Schwärmen die Flüsse und Bäche bis zu den Quellgebieten hinauf. Das war die große Zeit des „Mai-Fischfangs", und an den Mühlenwehren war er besonders leicht und ergiebig.

Der Mühlenbach und seine Pflanzenwelt.

In fast allen Verträgen zur Verpachtung oder zum Verkauf einer Wassermühle wird auf den fischreichen Mühlenteich, der direkte Verbindung mit dem Naturbach hat, hingewiesen und besonders der Maifischfang mit Fischkästen am Mühlenwehr erwähnt. Für dieses Recht wurde ein besonderer Pachtzuschlag verlangt.

Der Fischfang war zwar nie ein Lieblingssport des Adels, aber alle Grundherrschaften waren bereit, für ihre Fischrechte zu streiten, und sie ließen keine Verstöße dagegen zu. Im Jahre 1496 zum Beispiel gab Johann von Besten, Herr auf Haus Sythen, vor dem Gorichter zu Dülmen eine Erklärung ab, wonach „. . . der vischereye des Stroms und de waters geheiten de wagrappen (später Mühlenbach) angaende de molen ton groten dyke (Große Teichsmühle) und kerenk an der molen to wedershem (Stadtmühle Haltern) . . ." ihm, dem Besitzer des Hauses Sythen, allein zustand.

In den letzten Jahren sank durch verunreinigte Abwässer und unsachgemäßen Einsatz von Dünge- und Pflanzenschutzmitteln die Wasserqualität unserer Gewässer stetig. Der Fischbestand wurde schwach und empfindliche Fischsorten sind verschwunden. Hoffen wir, daß die derzeitigen Bemühungen, unsere Bäche und Flüsse reiner und wieder fischreicher werden zu lassen, von Erfolg gekrönt sein mögen.

Mühlenumflut in Sythen.

Auelandschaft.

Moorlandschaft.

Die ersten Handmühlen im Münsterland

Das für den Ackerbau erforderliche milde Klima stellte sich im Münsterland erst am Ende der mittleren Wärmezeit ein. Durch Funde archäologischer Bodenforschung konnten erste seßhafte Siedler und Getreideanbauer ab 3000 v. Chr. nachgewiesen werden. Pollenanalysen ergaben den Anbau von Gerste, Weizen und Erbsen. Gefunden wurden auch Tonscherben mit Abdrücken von Getreidekörnern sowie ihre im Feuer verkohlten Reste. Für die Mühlengeschichte des besprochenen Gebietes von besonderer Bedeutung sind die bei den Ausgrabungen frühester Siedlungsstätten gefundenen kleinen Reibmühlen der ersten Ackerbauern.

Die ersten Handdrehmühlen lernten die Bauern im Münsterland von den Kelten kennen, die in der Zeit der Völkerwanderungen in den letzten Jahrhunderten vor unserer Zeitrechnung das Land zwischen Lippe und Ems auf ihrem Zug nach Westen berührten (Abbildung Seite 7).

Auch von den römischen Legionären, die im Auftrag des Kaisers Augustus vom Rhein die Lippe herauf kamen, wissen wir, daß sie Handdrehmühlen und Tierdrehmühlen mitbrachten.

Bei Ausgrabungen in Haltern stieß man auf eines der verlassenen Lager, das die Legionäre nach der Varusschlacht räumen mußten. Die Archäologen machten reiche Funde an römischen Waffen, Schmuck und Gebrauchsgegenständen wie Keramikgeschirr und Gläser. Für die Mühlengeschichte interessant sind Bruchstücke von der eieruhrähnlichen Tierdrehmühle, wie sie auf Seite 8 abgebildet ist.

Zu den weiteren Funden im Römerlager Haltern gehören auch steinerne Handdrehmühlen mit eisernem Zentrierzapfen und vier Stecklöchern im Oberstein für hölzerne Handgriffe. Mit diesen Handdrehmühlen waren jeweils acht Legionäre ausgerüstet, damit sie ihre täglichen Getreiderationen zu Grütze mahlen konnten (Abbildung Seite 7). Die Originalfundstücke sind im Römisch-Germanischen Museum in Haltern ausgestellt.

Die ersten Wassermühlen

Römische Legionäre als Wegbereiter der Wassermühle

Wie wir von Vitruv wissen, gab es schon zu Cäsars Zeiten Wassermühlen. Wenngleich dieser ersten Naturkraftmaschine religiöse Bedenken entgegenstanden, trugen Legionäre das Wissen um diese Anlage von Rom aus in die vielen Länder des römischen Machtbereiches. Bald gehörten Wassermühlen zu den unverzichtbaren Versorgungseinrichtungen römischer Städte und der militärischen Basen. In seinem 370 n. Chr. erschienenen Werk „Mosella“ beschreibt der römische Dichter Decimus Ausonius eine Mühlenanlage:

> „Darauf die reißende Kyll, die Ruwer, die marmorberühmte, können nicht schnell genug senden die dienenden Wasser. Reich an köstlichen Fischen ist die Kyll, die andere aber mahlet das Korn und treibt des Mühlsteins mächtigen Schwung, zieht durch des Marmors glattes Gestein ihre kreischenden Sägen.“

Ausonius spricht in seinen Gedichten über die Mosellandschaft nicht nur von einer Kornmühle, die von der Wasserkraft angetrieben wurde, sondern auch von einer zweiten Mühlenanlage, die Steinblöcke zersägte. Die römischen Mühlenbauer haben es somit schon früh verstanden, die Drehbewegungen des Mühlrades nicht nur als Drehbewegung an den kreisenden Mühlstein, sondern über ein Getriebe auch als lineare Bewegung für die Steinsäge weiterzuleiten. Dieses technische Wissen geriet in den nächsten Jahrhunderten wohl in Vergessenheit, denn Wassermühlen, die stampfen, schlagen, sägen oder hämmern konnten, tauchen bei uns erst im 11. Jahrhundert auf.

In den ersten nachchristlichen Jahrhunderten verlor Rom mehr und mehr an Macht. Im Jahre 260 gibt Rom den Limes auf, der als Grenzwall gegen das Einsickern wandernder Völkergruppen errichtet worden war. Im Jahre 405 zog Rom alle Legionstruppen von Rhein und Mosel ab. Die zum

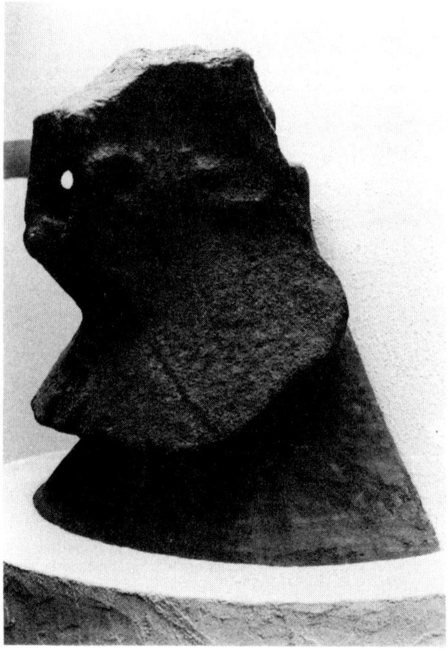

Bruchstück einer Tierdrehmühle aus dem Römerlager Haltern.

Stammesverband der Franken zusammengeschlossenen Völkerstämme konnten sich nunmehr voll entfalten.

Während der römischen Besatzungszeit am Rhein sind viele militärische Stützpunkte aber auch viele römische Siedlungen und Städte wie z. B. Trier, Bonn, Köln und viele andere angelegt worden.

Wenn der römische Gelehrte und Berichterstatter Decimus Ausonius, der in Trier in Quartier lag, in seinem Gedicht „Mosella" Wassermühlen zum Kornmahlen und zum Zersägen von Steinblöcken beschreibt, darf man mit Sicherheit annehmen, daß auch andere römische Militärlager sowie die römischen Städte und Ansiedlungen zumindest Wassermühlen zum Mahlen des Brotgetreides hatten. Darüber gibt es aber keine schriftlichen Berichte und es ist anzunehmen, daß nach Abzug der Römer die Franken voller Wut die zurückgelassenen Wassermühlen zerstörten und keinen Stein auf dem anderen ließen. In ihren Augen waren diese Anlagen ein Frevel gegen die Naturgötter. So wurde das Wissen und Können um die Wassermühlen nicht an die folgenden Generationen weitergegeben.

Wassermühlen an christlichen Klöstern

Unter Chlodwig aus dem Hause der Merovinger (466–511) wurde der noch lose Stammesverband der Franken gefestigt. Im Jahr 496 trat der König und mit ihm der führende Adel zum Christentum über. Damit versicherten sich die Franken der Unterstützung der Kirche. Das war von ausschlaggebender Bedeutung, denn in einer Zeit, die keine Verwaltungsstrukturen kannte, war die Kirche mit ihrer hierarchischen Struktur der ideale Verwaltungs- und Machtapparat.

Nach den Merovingern übernahmen die Karolinger die Führung der Franken und schufen unter Karl Martell (688–741), seinem Sohn Pippin dem Kleinen und seinem Enkel Karl dem Großen (742–814) einen Völkerbund, der sich als die gestaltende Kraft der abendländischen Geschichte erweisen sollte.

Nicht nur für die Merovinger, sondern auch für die Karolinger stand bei Eingliederung fremder Stammesländer in das Frankenreich die Christianisierung der Bevölkerung im Vordergrund.

Die Missionierung übertrugen sie den Benediktinern, die mit ihren Klostergründungen besonders kolonisatorisch wirksam waren. Die Missionare und die Klöster wurden von den fränkischen Herrschern großzügig unterstützt. Die Mönche kannten die Wassermühle und bauten sie als Gemeinschaftseinrichtung an ihren Klöstern. Auch die Bauern durften ihr Korn dort mahlen lassen und so konnten die Missionare besser als durch die schönste Predigt den zwar getauften, aber noch zweifelnden Bauern beweisen, daß es keine rächenden Naturgötter gibt.

Wassermühlen an fränkischen Oberhöfen

Die fränkischen Herrscher regierten ihr immer größer werdendes Reich nicht von einer Residenz aus, sondern schufen über das Reich verteilt Stützpunkte (Pfalzen), versammelten hier den Führungsadel des Landes, hielten Gericht und verkündeten neue Gesetze und Anordnungen. Auf dem Wege dorthin ließen sich die Herrscher von einem stets einsatzbereiten, schlagkräftigen Heer von Reitern und Fußvolk begleiten.

An den Marschstraßen richteten sie im Abstand einer Tagesmarschleistung von 25 bis 30 km königliche Oberhöfe als Etappenstation für die Truppe ein. Zu jedem Oberhof gehörten 30 bis 40 Bauerngehöfte, die dem Verwalter des Oberhofes unterstanden. Sie mußten die für die Truppe notwendigen Versorgungsgüter zum Unterhalt und zur Ausrüstung liefern. Werkstätten für die Anfertigung von Waffen, Kleidung und Schuhwerk ergänzten die Vorratshäuser und Stallgebäude auf dem Oberhof. Besonders Karl der Große sorgte für ein gut funktionierendes Stützpunkt- und Oberhofnetz. Damit die Krieger der Marschtruppe während ihrer Ruhepausen nicht selbst das Korn zu Mehl oder Grütze mahlen mußten, war an jedem Oberhof eine Wassermühle anzulegen.

Diese für die Oberhöfe als militärische Versorgungsanlagen bestehende Anordnung ließ Karl der Große auch in das im Jahr 794 erlassene „Capitulare de villis" aufnehmen und schrieb damit in dieser Landgüterordnung die Anlage von Wassermühlen an allen königlichen Gütern vor.

Die Franken bauen im Münsterland die ersten Wassermühlen

Der letzte Stammesverband, der noch außerhalb des fränkischen Machtbereiches lebte, waren die Sachsen im Gebiet zwischen Niederrhein und Elbe, Nordsee und Harz. Sie teilten ihr Land in vier Aufgebotsländer auf: Westfalen, Engern, Ostfalen und Nordelbien. Das Münsterland wurde Anfang des 7. Jahrhunderts in das westfälische Aufgebotsland eingegliedert und mit einem Netz sächsischer Tributhöfe kontrolliert. Die Lippe bildete die Grenze zum fränkisch kontrollierten Machtbereich.

Der Mühlenbach im Linnert.

Die Sachsen waren Bauern wie die Münsterländer und betrieben den Getreideanbau. Das Mahlen des Getreides für den täglichen Bedarf erfolgte auf Handmühlen. Auf den Schultenhöfen gab es Roßmühlen. Wassermühlen werden den Sachsen nicht fremd gewesen sein, sie lehnten sie aber als Frevel gegen die Gottheiten der Natur ab.

Im Jahre 772 stießen die Franken unter ihrem jungen König Karl I. an der Diemel in sächsisches Land vor, zerstörten ein von allen Sachsen verehrtes Heiligtum und entfachten dadurch einen Glaubens- und Freiheitskampf, der drei Jahrzehnte von beiden Seiten fanatisch geführt wurde.

Für die Geschichte der Naturkraftmühlen ist es interessant, daß sich die Franken zur Versorgung ihrer Truppen sehr um das Anlegen von leistungsfähigen Mühlen kümmerten.

Im Jahre 779 drang ein großes fränkisches Heer von Wesel aus in das Münsterland ein. Es kam vor Bocholt, Coesfeld und Darup zu Kämpfen mit den Sachsen, die jedoch die Franken durch ihre schwere Reiterei für sich entscheiden konnten. Die Franken machten das eroberte Münsterland zur Basis ihres weiteren Kampfes gegen das übrige Sachsenland. Nach bewährtem Vorbild überzogen sie das Land mit einem Netz von Etappenstationen. Die sächsischen Oberhöfe zogen sie ein und besetzten sie mit eigenen Leuten. Zusätzlich errichteten sie an markanten Punkten und an den Marschstraßen im Auftrag des Königs neue Oberhöfe.

Nach des Königs Gebot gehörten dazu auch Wassermühlen, und so beginnt mit dieser Zeit der Franken im Münsterland auch hier der Siegeszug der Naturkraftmühlen, auch wenn die Bauern sie noch ablehnten.

Die Bildung von fränkischen Grundherrschaften

Im Jahre 797 erschien König Karl die Zeit reif, das Sachsenland in das Frankenreich einzugliedern und er erließ auf dem Reichstag zu Aachen das „Capitulare Saxonium". Die Sieger, aber auch die Sachsen als Besiegte, dachten jetzt anders als in den Tagen des Kampfes, wenngleich es sicher den freiheitsgewohnten Sachsen schwergefallen sein wird, die Institution des Königtums mit allen daraus resultierenden Konsequenzen anzuerkennen.

Die einschneidendste Maßnahme war die Änderung der Eigentumsverhältnisse und der Ablieferungszwang des „Zehnten" aller Erträgnisse an die Kirche.

Nach fränkischem Recht gehörte das eroberte Land dem fränkischen König. Dieser vergab es zu Lehen an den verdienstvollen fränkischen Adel, gab aber auch klugerweise dem angesehenen sächsischen Adel seine Besitztümer zu Lehen zurück. Die Lehensnehmer waren dafür dem König zu Treue und Gehorsam verpflichtet. Zu ihren wichtigsten Aufgaben gehörte der Heeresdienst; auf Verlangen des Königs hatten sie sich mit einem gut ausgerüsteten Gefolge, dessen Zahl sich nach der Größe des Lehens richtete, auf einem anbefohlenen Sammelplatz zu melden. Zum Gefolge gehörten Vasallen, die ihrerseits ein Rittergut als Unterlehen zur Nutznießung erhielten.

Mit ausgedehnten Ländereien wurden auch die Kirchen und Klöster ausgestattet. Strategisch wichtige Oberhöfe mit großen Gütern und Wäldern blieben königliches Eigentum.

Der zu Lehen gegebene Grundbesitz wurde nicht nach Flächenmaß berechnet, sondern nach Anzahl der Bauernhöfe. Im Münsterland gehörten seit sächsischer Zeit zu jedem Gehöft 1 Hufe Wirtschaftsland. Nach heutiger Rechnung waren das rund 7,6 Hektar oder 30 Morgen. Dazu kam noch ein Recht am gemeinsamen Markenbesitz (Wald und Unland).

Der Bauer gehörte mit seiner Familie zum Bauernhof und war dadurch von seiner Grundherrschaft abhängig. Die verschiedenen Stufen der Hörigkeiten entwickelten sich jedoch wesentlich später.

Die Königshöfe und Oberhöfe waren mit 6 Hufen Wirtschaftsland ausgestattet und stellten für den gemeinsamen Markenbesitz (Allmende) den Holzrichter. Auf der zum Oberhof gehörenden Wassermühle durften alle Hintersassen ihr Korn schroten und mahlen lassen. Später wurde daraus ein Zwang.

Wassermühlen an Schultenhöfen

Der zum Teil sehr große Grundbesitz der Kirche, der Klöster und des führenden Adels lag teilweise weit verstreut im Münsterland und bestand aus Einzelgehöften sowie Drubbeln und Bauernschaften zu 4 bzw. 12 Gehöften.

Dörfer bildeten sich erst später. So konnte die Kirche genauso wenig ihren ländlichen Besitz selbst verwalten wie die Klöster und die Adelshäuser.

Nach dem Vorbild fränkischer Oberhöfe faßten sie ihren Grundbesitz zu Hofesverbänden zusammen und unterstellten sie einem Haupthof. Diese Villikationen ließen sie von einem „villicus", der im Münsterland Schulte genannt wurde, verwalten. Der Schulte trieb die Abgaben von den Hintersassen ein und rechnete mit seiner Grundherrschaft ab.

Üblicherweise suchte dazu die Grundherrschaft einen tüchtigen, zuverlässigen Bauern von den ihnen unterstehenden Hörigen aus. Das hatte gegenüber der Beauftragung eines Ministerialen (Beamten) den Vorteil, daß der Bauer nicht nach Privilegien und Reichtümern streben konnte. Ab dem 15. Jahrhundert erreichten nahezu alle Schulten solcher Villikationen für ihre Familie die Erblichkeit der Stellung. Die Bezeichnung Schulte wurde damit Teil des Familiennamens. Der Haupthof, auf dem der Schulte wohnte, war im Münsterland fast immer als Gräftenhof ausgebildet, zu dem eine Wassermühle gehörte.

Wassermühlen auf Rittergütern

Bei den militärischen Auseinandersetzungen verdankte das karolingische Heer seine Erfolge vor allem der „Schweren Reiterei". Für ihren Einsatz wurde darum diese Elitetruppe in den Stand des niederen Adels (Ritter) erhoben. Für ihre Verdienste erhielten sie außerdem ein Landgut mit mehreren dazugehörigen Bauerngehöften als Lehen. Damit die Familie des Ritters im Falle seines Todes nicht ungesichert blieb, erließ Kaiser Konrad II. bereits im Jahre 1037 ein Gesetz, in dem er seinen Vasallen die Erblichkeit des Adelsprädikates und des zu Lehen übertragenen Landgutes gewährte.

Das Rittergut war praktisch eine kleine Grundherrschaft und mit Privilegien wie Steuerfreiheit, Jagdrecht und etlichen anderen Rechten ausgestattet, zu denen auch das Stau- und Mühlenrecht gehörte.

Nach dem Vorbild der königlichen Landgüter, an denen mit dem „Capitulare de villis" aus dem Jahre 794 die Anlage von Wassermühlen vorgeschrieben war, bauten die Ritter auch auf ihren Gütern solche Wasserkraftanlagen zum Antrieb von Korn- und Ölmühlen, besonders nach dem diese als Zwangsmühlen eine einträgliche Einkommensquelle wurden.

Später, etwa ab dem auslaufenden 12. Jahrhundert, als die Zeiten unruhiger wurden, bauten die Ritter ihren Haupthof mit Einverständnis des Landesherrn zu einer wehrhaften Wasserburg um. Dafür erhielt im Münsterland der Bischof von Münster das Recht des offenen Hauses.

Durch die Entwicklung der Feuerwaffen verloren die Wasserburgen ihren Sinn als Anlagen des Schutzes und wurden nach dem Dreißigjährigen Krieg zur Zeit des prunkliebenden Absolutismus von den zu Reichtum gekommenen Adelsfamilien zu Herrenhäusern oder gar Schlössern umgebaut.

Die Wassermühlen blieben auch bei den Herrenhäusern und Schlössern eine unverzichtbare Einnahmequelle und wurden teilweise, wie zum Beispiel beim Schloß Anholt, in einer zum Hauptgebäude passenden Bauausführung ein ergänzender Teil der Gesamtschloßanlage.

Mühlen haben steten Frieden

Wenn wir heute als Freunde alter Mühlen eine noch intakte Wassermühle besuchen, erfreuen wir uns am Spiel der Räder und sehen darin den vor 2000 Jahren gesetzten Anfang unseres heutigen Maschinenzeitalters. Wir können uns aber kaum hineinversetzen in die Gedankengänge eines mittelalterlichen Bauern, wenn er sein Korn zum Mahlen zur Mühle brachte. Die Mühle war den damaligen Menschen ein Ort voller Geheimnisse und der Müller, der die Maschine beherrschte, war ein Zauberer. Wenn sie auch getaufte Christen waren, so herrschte doch noch Furcht vor den alten Göttern des Waldes und des Wassers.

Seit karolingischer Zeit standen die Wassermühlen unter königlichem Schutz. Wie die Kapellen und Kirchen waren auch sie Asylplätze für Verfolgte.

Verstöße gegen den Mühlenfrieden wurden überhart bestraft. Keine militärische Gruppe durfte eine Mühle betreten. Wer in der Mühle eine Waffe gebrauchte, war des Todes. Wer in der Mühle mit einer Waffe drohte, verlor die Drohhand.

Als das Reich an Macht verlor und sich selbständige Fürstentümer bildeten, ging neben vielen anderen bisher königlichen Rechten auch das Mühlenregal auf die neuen Landesherren über. Für die Mühlenanlagen im Lande übernahmen sie die bisherigen scharfen Schutzbestimmungen in ihre Landesgesetze.

Im Sachsenspiegel, dem bedeutendsten Rechtsbuch in niederdeutscher Sprache aus den Jahren um 1235, heißt es unter anderem:

„Mühlen haben steten Frieden!"
„Wer Mühlen beraubt, wird gerädert!"
„Wer zuerst kommt, mahlt zuerst!"
„Keiner darf einem anderen das Wasser abgraben!"

Erster Fürstbischof von Münster war Bischof Hermann II., Graf von Katzenellnbogen (1174–1203), da er von 1180 an (Sturz Heinrichs d. Löwen) nicht mehr dem Herzog von Sachsen unterstellt war, sondern nur dem Kaiser unmittelbar.

Die Fürstbischöfe achteten sehr auf die Einhaltung der Bestimmungen zum Schutz der Mühlen. Als die Wasserburgen gebaut wurden, gehörte zu jeder dieser Anlagen auch eine Wassermühle, gleichgültig, ob es sich dabei um eine Landesburg des Bischofs oder um den Wohnsitz einer ritterlichen Adelsfamilie handelte.

Vermutlich gab es zum Schutz der Wassermühle eine Bestimmung, nach der sie nicht im Wehrbereich der Burg, sondern außerhalb der Gräftenanlage liegen mußte.

In der Zeit der Fehden, als Adelsfamilien nicht nur zur Wiederherstellung verletzter Ehre, sondern auch zur Durchsetzung von Wünschen und Forderungen Privatkriege durchführten, kam es zu Angriffen auf die Burganlage. Dabei wurden auch die mit Ernte gefüllten Scheunen der hörigen Bauern vernichtet, die Mühle und der Müller blieben aber unangetastet.

Damit war es vorbei, als während des Spanisch-Niederländischen Krieges (1565–1609) spanische und niederländische Soldateska brandschatzend in das Münsterland einfiel.

Noch geringer war die Achtung vor der Unantastberkeit der Mühlen im Dreißigjährigen Krieg (1618–1648), als undisziplinierte, verrohte und nur auf Beute gierige Landsknechte raubend und plündernd das Land durchstreiften. Dabei machte es keinen Unterschied, ob diese brandschatzenden Horden zu den Unionstruppen des Herzogs von Braunschweig bzw. des Landgrafen von Hessen gehörten oder Landsknechte der Ligatruppen des Grafen von Anholt oder des kaiserlichen Generalissimus Tilly waren.

Aufschlußreich für die Mühlengeschichte in dieser für alle schweren Kriegszeit ist eine Bittschrift der münsterischen Stände an den Kurfürsten Ferdinand in Köln. Ferdinand I., Herzog von Bayern, war Erzbischof von Köln und zugleich Fürstbischof von Münster.

1623 waren die Braunschweiger in das Münsterland eingebrochen und machten es unsicher. Die Ligatruppen unter dem Grafen Anholt und unter dem Generalissimus Tilly verbündeten sich und vertrieben die Landsknechte des „Tollen Christian".

Graf Anholt blieb mit seinen Truppen zum Schutz des ligatreuen Münsterlandes zurück. Diese preßten Stadt- und Landbevölkerung jedoch so hart aus, daß alle in bitterste Not gerieten.

In der Bittschrift, die eine Abordnung der Städte im Vertrauen auf den großen Einfluß ihres Landesherrn auf die Verbände der Liga überbrachte, wird lebhaft geschildert, wie das Land unter den Anholtschen Truppen leidet und ausgeplündert wird. „. . . weder Gotteshäuser noch Klöster oder Stifte und nicht einmal *Mühlen* werden vor Plünderungen oder Zerstörungen verschont!"

Nach Abschluß des Westfälischen Friedens 1648 besetzten hessische Söldnertruppen noch drei Jahre das Münsterland und zogen erst nach Zahlung einer hohen Abstandssumme durch den Landesfürsten Christoph Bernhard von Galen ab.

Ab dieser Zeit beginnt ein reger Wiederaufbau der zerstörten und verkommenen Wind- und Wassermühlen, und viele überlieferte Daten von alten Mühlen im Münsterland zeugen davon.

Mühlenregal, Mühlenbann und Mühlenzwang

Unter Regalien verstand man im Mittelalter die Hoheitsrechte des Königs (mlat. iura regalia). Die Regalien und die damit zusammenhängenden Einkünfte waren das Rückgrat der Reichsfinanzen und ihre Verleihung ein Mittel der Reichspolitik.

Zu diesen Regalien gehörte auch das Stau- und Mühlenrecht. Ob diese Regelung schon zur Zeit Karls des Großen galt, ist nicht bekannt, wohl aber, daß der fränkische König in seinem 794 erlassenen „Capitulare de villis" an den königlichen Landgütern den Bau und den Betrieb von Wassermühlen zur Kornvermahlung vorschrieb.

Mühlen haben seit karolingischer Zeit königlichen Schutz ähnlich wie Kirchen und Klöster.

Im Jahre 1158 erließ Kaiser Friedrich I. (Barbarossa) die „constitutio" und unter den darin aufgeführten Regalien zählte auch das Stau- und Mühlenrecht.

Seit 1180 war das Bistum Münster ein selbständiges Fürstentum. Dadurch ging ein Teil der bisherigen königlichen Rechte auf den Landesherrn über. Zu diesen Regalien gehörte auch das Stau- und Mühlenrecht. Der erste Landesherr des Münsterlandes, Bischof Hermann II., und seine Nachfolger erkannten den Wert des Mühlenrechtes als gut funktionierende Steuerquelle.

Das Münsterland war Bauernland und das Klima war im Mittelalter für den Getreideanbau günstig. Mühlenerzeugnisse aus Getreide bildeten das Hauptnahrungsmittel der Bevölkerung, die sich seit karolingischer Zeit vervielfacht hatte.

Der Landesherr sorgte dafür, daß an allen bischöflichen Gutshöfen und auch allen Amtshöfen die Kornmühlen gut geführt wurden. Im übrigen erhielten nur Grundherrschaften wie Klöster, Stifte, Ritteradel und später auch die Städte das Recht, Gewässer zu stauen und Mühlen zu errichten und zu betreiben.

Um jede anerkannte Mühle lag ein bestimmter Bannbezirk, in dem keine weitere Getreidemühle ohne zwingende Notwendigkeit gebaut werden durfte. Alle Bauern innerhalb dieses Bannbezirkes durften ihr Korn nur zu dieser Mühle bringen und mahlen lassen. Dabei blieb unbeachtet, daß für den einen oder anderen Mahlgast eine fremde Mühle näher lag, bessere Wegverhältnisse zu ihr führten, weniger Mahllohn (Multer) verlangt wurde oder gar die Mehlqualität besser war.

Mit diesem Zwangssystem wurde jeder Wettbewerb zwischen den einzelnen Mühlenanlagen und ihren Eignern ausgeschaltet. Auch bestand in jener Zeit und im besonderem Maße bei den kirchlichen Grundherrschaften kein ausgeprägter Erwerbssinn mit dem Wunsch, Gewinne zu steigern..

Alles war darauf angelegt, das Bestehende zu erhalten und nichts zu verändern.

Strafen bei Verstößen gegen den Mahlzwang

Daß die dem Mühlenzwang unterworfene bäuerliche Bevölkerung immer wieder versucht hat, aus dem Zwang auszubrechen und kostengünstiger selbst zu mahlen oder das Getreide zu einer anderen Mühle zu bringen, geht aus Erlassen und Verordnungen des Landesherrn hervor.

Der Fürstbischof von Münster, Maximilian Heinrich (1683–1688), Herzog von Bayern, der zugleich auch Erzbischof von Köln war, erließ unter dem 20. Juni 1685 ein derartiges Dekret, wonach die dem *„... kurfürstlichen Mahlzwange unterworfenen und nicht speziell davon ausgenommenen Untertanen in dem Fall, daß sie die Früchte auf anderen Mühlen mahlen lassen und auf der Tat betroffen werden sollten, mit der Einziehung der Früchte oder des Mehles, später ermittelte aber mit 10 Goldgulden ‚Brüchte'..."* bedroht wurden.

Im Jahre 1700 wurde diese Verordnung für das Münsterland unter dem Fürstbischof Friedrich Christian (1688–1706), Freiherr von Plettenberg, wiederholt. Ein Zeichen, daß Übertretungen nicht selten waren, und in den Zeiten der unumschränkten Fürstenmacht der Bedarf an Geld bei den Landesherrn unermeßlich stieg.

Sehr hart für die münsterländischen Bauern war ein Erlaß des Fürstbischofs Clemens August (1719–1761), Herzog von Bayern, der später auch Erzbischof von Köln wurde. Unter dem 1. April 1758 ordnete er an, daß bei Verstößen gegen die Mahlordnung 20 Goldgulden Strafe zu zahlen seien. Falls das noch nicht half, sollten die aufsichtsführenden Beamten die Hand- und Roßmühlen sofort zerstören lassen.

Bereits im Jahre 1774 wurde die Anordnung erneuert und der bäuerlichen Bevölkerung nachdrücklich eingeschärft.

Der Anteil an der Multer war für den Landesherrn, den Mühleneigner und für den jeweiligen Müller im großen und ganzen gut kontrollierbar und nur von den Schwankungen der Ernteerträge abhängig.

Die Anzahl der Mahlgäste lag für jede Mühle durch das Zwangswesen fest. So war durch den Müller auch bei größtem Fleiß eine höhere Leistung nicht zu erzielen, weil es ihm bei Strafe verboten war, Getreide aus fremdem Bannbereich zu vermahlen.

Neue Mühlen wurden vom Landesherrn nur zugelassen, wenn ein zwingender Bedarf nachgewiesen wurde, sei es, daß eine bestehende Mühle ausgefallen war oder ein Teil der Mahlgäste einen unzumutbar weiten oder schlechten Weg zur Mühle hatte.

Damit schützte der Landesherr die von ihm zugelassenen Mühlen vor unliebsamer Konkurrenz und garantierte der Landeskasse, dem Mühleneigner (der in den meisten Fällen der Landesherr selbst war) und dem Müller eine sichere Einnahme.

Die Bauern als Mahlgäste hatten keine Möglichkeit zur Änderung dieses Mühlenwesens und mußten sich darin fügen.

Blütezeit der Müllerei

Durch die günstigen Klimaverhältnisse im 14. Jahrhundert erzielten die Bauern hervorragende Ergebnisse im Getreideanbau. Entsprechend gut war die wirtschaftliche Lage für die Mühlen. Die Forderungen der Grundherrschaften wurden aber immer mehr gesteigert.

Aus der zuerst kleinen Oberschicht hatten sich im Laufe der Zeit neue Generationen des Adels gebildet. Zusätzlich wurde die Schicht der Menschen, die von den Ergebnissen bäuerlicher Arbeit leben wollten, durch die vielen neu in den Adelsstand gehobenen Ritter und Ministeriale sowie durch die anwachsende Geistlichkeit in Kirchen und Klöstern, immer größer. Lehen wurden in Unterlehen und diese wieder in Unter-Unterlehen aufgeteilt, denn alle die zum Adel gehörten, wollten in diesem Lehensstaat für sich und ihre Familie eine laufende Rente für ihre geleisteten Kriegs- und Verwaltungsdienste. Jedoch noch gab es keine Versorgungsschwierigkeiten.

Die Stellung von Bauern und Müllern im Hochstift Münster

Geschichtlich gilt das Jahr 1180 als Gründungsjahr des Stiftes Münster. Das so gebildete geistliche Fürstentum umfaßte zuerst nur das Münsterland. Durch kluge Politik und Übernahme fremder Grundherrschaften kam um 1400 noch das Oldenburger Münsterland mit Vechta und Cloppenburg sowie ein Streifen des Emslandes mit Meppen dazu.

Das vergrößerte Fürstentum hieß nunmehr Hochstift Münster mit Oberstift (Münsterland) und Niederstift (der neu hinzugekommene Teil).

Das Hochstift Münster war ein Ständestaat. Die die Regierung des Landes mitbestimmenden Stände waren das aus Mitgliedern des führenden Adels bestehende Domkapitel, der landsässige Ritteradel, der etwas später dazu kam und die Städte unter Führung der Stadt Münster.

Nur diese drei Stände hatten abgesicherte Rechte, wobei das Domkapitel und der weltliche Adel Sonderprivilegien hatten.

Nicht zu einem dieser drei Stände gehörte die Landbevölkerung und die nicht als Bürger anerkannte Unterschicht in den Städten.

Politisch konnten sich diese Unterprivilegierten nur von ihrem jeweiligen Schutzherren vertreten lassen.

Die durch das Schutzbedürfnis, aber auch durch die Entwicklung der Eigentumsverhältnisse bedingte Abhängigkeit der bäuerlichen Bevölkerung, zu denen ja auch die Müller zählten, war abgestuft in vier Gruppen mit unterschiedlichen Rechten und Pflichten:

Die Eigenhörigen

Die Eigenhörigen waren mit ihrer ganzen Familie und allen Nachkommen (de Lüde, de up den Hof wonet) von der Grundherrschaft abhängig. Sie gehörten zur Scholle und konnten auch nicht gehen, wenn der Hof verkauft oder verschenkt wurde.

Dafür gewährte ihnen der Grundherr Schutz gegen alle Angriffe von außen. Der eigenhörige Bauer hatte das vererbbare Nutzrecht am Hof und konnte nicht gekündigt werden, solange er die einmal festgelegten Abgaben und Leistungen erbrachte. Übernahm nach dem Tode des Bauern die nächste Generation den Hof, so hatte der Grundherr Anspruch auf das „Besthaupt" (das beste Stück Vieh) oder auf Zahlung einer Gewinnsumme.

Kein Eigenhöriger durfte ohne Einwilligung seines Grundherrn den Hof verlassen oder außerhalb des Hofes eine Arbeit annehmen. Wollte er heiraten, so brauchte er eine Genehmigung, die ihm unter Umständen der Grundherr verweigerte, wenn die Frau nach seiner Meinung nicht auf den Hof paßte.

Die Heranwachsenden hatten auf Anforderung des Herrenhauses für sechs Monate Knechts- oder Magddienste zu leisten. Als im Mittelalter eigenhörige Bauernsöhne versuchten, in der Stadt eine neue Existenz zu gründen (Stadtluft macht frei), mußten sie sich entweder vorher freikaufen oder damit rechnen, daß ihr Grundherr sie zurückholen ließ.

So ging es auch den Müllersöhnen, wenn sie eigenhörig waren. Sie durften die Mühle, in der sie arbeiteten, nicht ohne Erlaubnis des Grundherrn verlassen, um etwa eine andere Mühle, in der ein Müller fehlte, zu übernehmen. Sie durften ohne Erlaubnis auch nicht heiraten.

Der Anteil an Eigenhörigen in der bäuerlichen Bevölkerung des Münsterlandes war hoch, gehörte doch der Grund und Boden im wesentlichen der Kirche und den weltlichen Adelshäusern.

Aber Eigenhörigkeit hatte im Hochstift Münster nie den Makel erniedrigender Leibeigenschaft, wie es beispielsweise in östlichen Gebieten Deutschlands gewesen sein soll.

Die Schulten auf den Haupthöfen adeliger oder kirchlicher Villikationen waren ursprünglich Eigenhörige ihrer Grundherrschaft. Erst wesentlich später im auslaufenden Mittelalter schafften sie wie ihre Kollegen, die Müller, den Aufstieg zum Erbpächter.

Im Hochstift Münster war die Eigenhörigkeit zwar eine große Einschränkung der persönlichen Freiheit, bedeutete aber nicht etwa eine rechtlose Stellung und schon gar nicht eine Schande.

Vielleicht war es im Hochstift Münster besser als in anderen Ländern, denn nicht umsonst hieß es im Münsterland: „Unterm Krummstab (Bischofsstab) läßt's sich gut leben!".

Schande war im Münsterland nur, gottlos zu sein, als arbeitsscheu zu gelten und durch eigenes Verschulden arm zu sein.

Die Erbpächter

Der Grundherr überließ dem Erbpächter einen Hof oder eine Mühle für drei Generationen gegen die Zahlung einer vorher ausgehandelten Pachtsumme. Der Erbvertrag erlosch mit dem Tod des letzten Erbberechtigten in direkter Linie, spätestens in der dritten Generation, er konnte jedoch gegen Zahlung einer Gewinnsumme erneuert werden.

Im übrigen waren die Erbpächter mit ihrer Familie persönlich frei und hatten gegenüber dem Grundherrn keine anderen Verpflichtungen.

Die Hofhörigen

Die Hofhörigen waren persönlich ebenfalls frei, jedoch mußte jede Generation bei Übernahme des Hofes Gewinngelder an den Schutzherrn und im übrigen die vereinbarte Pachtleistung zahlen. Ihre Stellung entsprach sonst der von Erbpächtern.

Die Schutzhörigen

Das eingegangene Schutzverhältnis mit dem Grundherrn war freiwillig und sollte verhindern, daß bei Fehlen direkter ehelicher Nachkommen die Besitzung nach damaligem Recht als „biesterfrei" an den Fiskus fiel. Die Belastungen aus diesem freiwilligen Schutzverhältnis waren gering.

Der Müller und seine Mühle

Bis zur Einführung der Gewerbefreiheit und der Entlassung der ländlichen Bevölkerung aus der Abhängigkeit zu ihrer Grundherrschaft im vorigen Jahrhundert, gab es im Münsterland kaum einen Bauern oder einen Müller, der eine eigene Mühle besaß. Nur Städte und Grundherrschaften wie Adel, Kirche, Klöster und Stifte konnten Mühlen bauen und betreiben lassen. Zum Müller ihrer Mühle machten die Großgrundbesitzer einen aufgeweckten und handwerklich begabten Sohn eines ihrer eigenhörigen Bauern nach vorheriger, gründlicher Ausbildung in einer anderen Mühle.

Die Abhängigkeit hatte für den Mühlenherren den Vorteil, daß ein Müller ohne seine Zustimmung nicht zu einer anderen Mühle wechseln konnte. Von der einträglichen Multer standen dem Mühleneigentümer zwei Drittel und dem Müller ein Drittel zu. So überwachte der Müller schon im Eigeninteressse wie ein Büttel des Herrenhauses, daß alle zur Mühle gehörenden Mahlgäste auch den letzten Sack Korn zu seiner Mühle brachten und nicht abwanderten.

Es war im Münsterland üblich, daß zu jeder Mühle ein kleines landwirtschaftliches Anwesen gehörte. Dafür mußte der Müller Federvieh und ein oder zwei Schweine für das Herrenhaus mit durchfüttern. Naheliegend, daß die Mahlgäste argwöhnten, der Müller verfüttere einen Teil von der ihnen zustehenden Kleie. Ab dem siebzehnten Jahrhundert wurde es üblich, daß die Gutsherren ihre Mühle gegen eine vorher vereinbarte Pacht auf drei Generationen an eine Müllerfamilie zu Erbpacht gaben. Nach Ablauf der Zeit prüften beide Seiten, ob der Pachtvertrag auf weitere drei Generationen verlängert werden sollte.

So kamen ab dieser Zeit die Märchen und Erzählungen vom reichen und vom armen Müller auf.

Aber auch abhängig gebliebene Müllerfamilien haben selbst in Jahren großer Mißernten keinen Hunger gelitten. Nicht umsonst heißt es im Münsterland: „De Möller und de Mus sin de lesten well daut schmacht."

Der Müller und sein Mahlgast

Der Kunde in der Mühle wurde „Mahlgast" genannt, eine freundliche Bezeichnung, die recht gut das menschlich nahe Verhältnis zwischen dem Müller und den Bauern wiedergibt, auch wenn die meisten von ihnen in dem jahrhundertelang bestehenden Zwangmühlenwesen sich ihre Mühle nicht aussuchen konnten.

Willkommen mein lieber Mahlgast,
bring alles, was du zu mahlen hast,
dann stelle ich die Mühle in Gottes Namen,
und fröhlich singen wir alle: Amen.

In allen Mühlenordnungen waren die Rechte und Pflichten der Müller und ihrer Mahlgäste aufgeführt, denn auch die Müller mußten zu ihrem Recht kommen, wobei die Bauern unterstellten, der Müller sei ein Gauner und gäbe nicht das gesamte ihnen zustehende Mahlgut heraus. Auch würde er beim Bemessen der als Mahllohn einzubehaltenden Multer versuchen zu betrügen.

So hatte der Mahlgast das Recht, beim Vermahlen seines Kornes in der Mühle zu bleiben und mißtrauisch, wie die Bauern immer schon waren, kamen sie oft zu zweit. Dann blieb einer bei der Bütte und beobachtete sorgfältig, daß auch die Gesamtmenge seines Getreides aufgeschüttet wurde, und der andere überprüfte im Raum unter der Mühle, wo das Mehl abgesackt wurde, daß auch das gesamte Mahlgut abzüglich der Multer in seine Säcke kam.

Vor Einführung der Dezimalwaage wurde in den Mühlen das Aufgabe- und Mahlgut nicht gewogen, sondern mit Hohlgefäßen gemessen.

In jeder Mühle hatte zum Abstreichen des Meßgefäßes nach dem Füllen ein Streicheisen vorhanden zu sein. Es war dem Müller vorgeschrieben, wie er das Meßgefäß zu halten hatte, damit er nicht mit seinem dicken Daumen den Inhalt zu seinem Vorteil verkleinerte.

Die Multer

Wenn in früheren Zeiten der Mahlgast sein Korn zur Mühle brachte, dann fragte ihn der Müller: „Multern oder betaalen?"

Meistens wurde gemultert, denn Bargeld war knapp. In der Lohnmühle des Münsterlandes bewegte sich das Multermaß zwischen 1/10 bis zu 1/20 Anteil vom Fertiggut, das vom Müller einbehalten wurde und in die Multerkiste kam. Auch den Mahlverlust, der mit 1/50 angesetzt wurde, mußte der Mahlgast tragen.

Ich habe den letzten Müller der Sythener Wassermühle, Herrn Rütter, und den letzten Eigentümer der inzwischen abgerissenen Lavesumer Windmühle, Herrn van Lieshout, gefragt, welche Multer sie genommen hätten:

	Wassermühle Sythen	Windmühle Lavesum
Auf dem Schrotgang von je 50 kg Aufgabe	$2^1/_2$ kg Multer = $^1/_{20}$	3 kg Multer = $^1/_{16}$
Auf dem Büdelgang von je 50 kg Aufgabe	5 kg Multer = $^1/_{10}$	5 kg Multer = $^1/_{10}$

In beiden Mühlen wurde je 50 kg Aufgabe 1 kg Mahlverlust (1/50) gerechnet. Herr Elpert, der Müller der noch heute intakten Stiftsmühle in Stevern, hat bis vor wenigen Jahren noch Lohnmahlungen durchgeführt. Er gab gleiche Werte wie die Wassermühle Sythen für seine Wassermühle an der Stever an.

Das Wandern ist des Müllers Lust

„Gott segne das ehrbare Handwerk!" war in verflossenen Zeiten der Gruß der Handwerksmeister und Gesellen untereinander. Auch die Müllerei war ein handwerklicher Lehrberuf mit anschließenden Wanderjahren. Wassermüller und Windmüller, die eine Mühle führen wollten, mußten ein hohes Fachwissen besitzen und handwerklich gut geschult sein, um etwa die Mühlsteine nachschlagen und erforderliche Reparaturen am Mühlengebäude, am Mühlenrad und am Mühlengetriebe ausführen zu können.

Wassermüller brauchten Grundkenntnisse vom Grund- und Wasserbau; Windmüller mußten einen Wetterumschwung mit böigem Wind oder Sturm so früh erahnen können, daß ihnen genügend Zeit zum Verzurren der Segel blieb. Trotz dieser hohen handwerklichen und menschlichen Qualifikation, die für die Arbeit in einer Mühle verlangt wurde, zählte die Müllerei nicht zu den „ehrbaren" Handwerken.

Müller konnten sich nicht zu einer Zunft wie die Handwerker in der Stadt zusammenschließen, waren sie doch immer, auch als Erbpächter in Abhängigkeit zu einer Grundherrschaft.

Aber auch ohne Zunft hatten die Müller feste Vorstellungen von Ausbildung und Brauchtum. Nachstehend ein Auszug aus einem 42 Artikel umfassenden „Privilegium der Mühl-Meister des löblichen Gewercks der Müller“ aus dem Jahre 1763.

Lehre

„Wer das Mühlen Handwerk erlernen will, derselbe soll von ehrlichen und unberüchtigten Eltern und die keiner verächtlichen Profeßion, Lebens und Wandels sind, gezeugt und gebohren seyn.“ (Art.5)

„Der Lehr Junge, so eines Meisters Sohn gehörig, soll ohne Geburts Brieff auff- und angenommen werden und Drey Jahr lernen, ist es aber keines Meisters Sohn, so muß der Geburts Brieff vorgezeigt werden, und ist derselbe schuldig, auch Drey Jahr zulernen, in welcher Zeit der Meister den Jungen so wohl in Mahl- und Mühlen Werck als auch Grund- und Waßer Bau treulich unterweisen muß, damit er nach ausgestandenen Lehr Jahren vor einem Gesellen bestehen köne. Davor soll er dem Meister Zehen Thaler Lehr Geld zuentrichten schuldig seyn, nähme aber der Mühlen Meister von dem Jungen Armuths halber kein Geld, so ist der Junge gehalten, dem Meister nach geendigter Lehre noch ein Jahr umsonst zu arbeiten.“ (Art. 7)

Wanderschaft

„Ein jeder Gesell soll schuldig seyn zum wenigsten zwey Jahr sich in fremde Mühlen zu versuchen und außer Landes seine Wanderschaft zuzubringen, sollte aber sein Vater wegen höchster Nothwendigkeit ihn nicht entbehren können oder der Geselle einen Zufall (!) bekomen, daß er die Wander Jahr nicht verrichten könte, so soll er damit verschonet bleiben, wenn die Sache zur Genüge dargethan ist, jedoch soll er der Lade zum wenigsten Drey Thaler erlegen. Wäre aber deßen Mutter eine Wittwe und der Sohn folglich der Mühle Vorstehen müste, so soll er von diesen befreyet sein.“ (Art. 9)

Konnten sich die Wasser- und die Windmüller auch nicht zu Zünften oder Gilden organisieren und galt ihr Handwerk auch nicht als ehrbar, so waren sie doch stolz auf ihr handwerkliches Können und ihre Tradition und legten großen Wert auf den Erhalt eingeführten Brauchtums.

Kam ein Müllerbursche auf seiner zur Ausbildungsergänzung vorgeschriebenen Wanderung zu einer anderen Mühle, so hatte er bestimmte Grußzeremonien zu beachten:

Er legte den Ranzen hinter die Mühltreppe, den Wanderstab auf die dritte Stufe und sagte: „Glück zu! Besten Gruß vom letzten Meister und Gesell!“

Die Antwort des Müllermeisters lautete dann: „Willkommen Gesell!“ und die anderen Müllerburschen: „Willkommen Kollege!“. War Arbeit vorhanden, so konnte er in der Mühle bleiben, andernfalls erhielt er Kost und Logis für eine Nacht und nach altem Brauch am nächsten Morgen zum Abschied einen Zehrpfennig.

Nur wer vom letzten Meister gute Arbeit, Fleiß und Ehrlichkeit bescheinigt bekam, erhielt in einer anderen Mühle gute Arbeit. Nur wer unbescholten war, konnte Müllermeister werden und eine Mühle leiten.

Schwere Zeiten für die Mühlen

Nicht nur der Dreißigjährige Krieg und die vielen anderen kriegerischen Besetzungen und Plünderungen brachten dem Münsterland und seiner Bevölkerung und damit auch den Mühlen großes Ungemach. Schwer war die hundertjährige Krise zu überwinden, die durch die Pest ausgelöst wurde.

Im 14. Jahrhundert brach die Pest aus, die in mehreren Wellen ganz Europa erfaßte. Auch das Münsterland blieb davon nicht verschont. Überhart traf die Seuche die Städte. Nach einem zeitgenössischen Bericht verlor die Stadt Münster im Jahre 1382 durch die Pest „... meer dan achte dusend lüde ...“ von den vorher etwa 11 000 Einwohnern.

Auch die Bauern auf dem Land blieben nicht vom „Schwarzen Tod“ verschont, wenn auch durch die verstreut liegenden Gehöfte die Verluste geringer als in den Städten waren.

Die außerordentlichen Menschenverluste lösten eine schwere Wirtschaftskrise aus, die über hundert Jahre andauerte.

Viele der überlebenden Bauern verließen ihre Höfe, auf denen sie nur Eigenhörige waren und zogen in die leer gewordenen Städte. Hier tauchten sie unter und wurden Bürger (Stadtluft macht frei). Manche schafften es nicht und wurden auf Grund erlassener Gesetze von ihren Grundherren zum Bauernhof zurückgeholt.

Die verlassenen Gehöfte verfielen und das Land blieb unbestellt. Die verbleibende Landbevölkerung reichte nicht mehr aus, alles Kulturland zu bestellen. Es fehlte auch die Nachfrage.

Die Städte waren jetzt keine Abnehmer mehr, denn die in die Stadt geflüchteten Bauern betrieben als Ackerbürger weiterhin Landwirtschaft und deckten den Eigenbedarf der Stadt.

Die Grundherrschaften mußten sich mit dem Wenigen zufrieden geben, was ihre noch intakten Zinshöfe brachten.

Einstiger Reichtum wich der Armut, und mancher Ritter hat sich in dieser Zeit das Notwendigste zum Leben durch Raubüberfälle auf durchziehende Wagenkolonnen der Hanse geholt.

Die langandauernde Krise erfaßte naturgemäß auch das Mühlenwesen des Münsterlandes. Viele Mühlen verfielen und es fehlten die Mittel und der Anreiz, sie zu unterhalten.

Erst in der zweiten Hälfte des 15. Jahrhunderts ging die Krise zu Ende und das Land erholte sich.

Das Mühlenwesen erhielt neue Belebung und viele Urkunden aus dieser Zeit berichten vom Bau von Wassermühlen, bei denen es sich meistens um den Wiederaufbau einer total verkommenen Altanlage handelte. Bezeichnend für den Bedarf an neuer Mühlenkapazität ist auch, daß in der zweiten Hälfte des 15. Jahrhunderts holländische Mühlenbaumeister Bockwindmühlen im Münsterland aufbauten und diese Windmühlen bis Anfang des 19. Jahrhundert der münsterländischen Landschaft ihr Gepräge gaben, ehe sie von den Kappenwindmühlen abgelöst wurden.

Mühlengeschichte im 19. Jahrhundert

Das Münsterland wird französisch – Das Ende der Hörigkeit

Im Koalitionskrieg (1792–1797) besiegte Napoleon das mit Preußen verbündete Österreich und beide Partner mußten der Forderung Frankreichs auf das gesamte linksrheinische Gebiet zustimmen. Dabei wurde vereinbart, daß Preußen wie auch die anderen Fürstentümer für ihre dadurch entstehenden Gebietsverluste rechts des Rheins entschädigt werden sollen.

Im Frieden zu Lunéville wurde diese Vereinbarung bestätigt und im Jahre 1803 durch den „Reichsdeputationshauptschluß“ vollzogen. Rechtsrheinisch wurden die Territorien der Kirchen und Klöster aufgelöst und der Landbesitz wie vereinbart verteilt.

Zu dem verweltlichten Kirchenbesitz gehörte auch das seit 1180 bestehende geistliche Fürstentum Münster.

Zur besseren Durchführung der Kontinentalsperre gegen England ließ Napoleon durch Senatskonsult vom 14. Dezember 1810 nördlich einer Grenze von Wesel – Haltern – Münster bis Lauenburg an der Elbe alle Herzogtümer und Grafschaften auflösen und machte aus dem zusammengefaßten Gebiet eine Provinz des Kaiserreiches Frankreich.

Ab sofort galt für die Bevölkerung das französische Zivilrecht, der „Code Napoléon“. Damit waren mit einem Schlag auch für die ländliche Bevölkerung im Münsterland und damit auch für die Müller und ihre Familien alle Stufen der Hörigkeit aufgehoben.

Kein Bauer und kein Müller mußte sich mehr von seiner Grundherrschaft freikaufen, wenn er den Arbeitsplatz wechseln wollte, kein Sohn eines Bauern oder eines Müllers brauchte die Einwilligung seines Grundherrn, wenn er heiraten wollte.

Ausgewirkt hat sich die kurze Freiheit unter dem Kaiserreich Napoleons nicht, denn die hohen Abgaben und Dienstleistungen, die zu erbringen waren, ließen die errungene persönliche Freiheit vergessen. Dazu kam die Aufstellung eines münsterländischen Truppenkontingents für den Marsch nach Moskau, von dem nur wenige der jungen Männer zurückkamen.

Das Münsterland wird preußisch – Die Stein-Hardenbergsche Reform

Nach der Verbannung Napoleons wurde Europa 1815 im Wiener Kongreß neu geordnet. Das Münsterland kam wieder zu Preußen und wurde Teil der neugebildeten Provinz Westfalen mit der Hauptstadt Münster. Die Stein-Hardenbergsche Reform, die als Bauernbefreiung in die Geschichte des Münsterlandes eingegangen ist, mußte sich an die durch das französische Zivilrecht bereits gewährten Freiheiten anpassen. Das Wesentlichste war die entschädigungslose Aufhebung sämtlicher Freiheitsbeschränkungen der Bauern und Müller und die entschädigungslose Abschaffung sämtlicher Verpflichtungen, die einen steuerlichen Charakter trugen, wie zum Beispiel Heiratsgelder und Gewinngelder bei Übernahme eines Anwesens von der älteren auf die junge Generation. Bestehen blieben jedoch die bisherigen Renten, die Bauern und Müller für ihre Grundherrschaft erwirtschaften und abführen mußten. Diese Reallasten wurden für ablösbar erklärt. Die Ablösesumme errechnete sich aus den Abgaben der letzten 30 Jahre, wobei ein 25facher Jahresbetrag zur sofortigen Tilgung genügte.

Den Bauern und Müllern fehlte aber bares Geld und selten konnten sie die geforderte Ablösesumme aufbringen.

Bis zur Mitte des vorigen Jahrhunderts hatten höchstens zehn Prozent der Berechtigten die auf ihrem Hof aufliegenden Reallasten ablösen können.

Die Regierung in Berlin erließ darum 1850 eine Verordnung, in der die Ablösesumme auf den zwanzigfachen Betrag der Jahresrente ermäßigt wurde und in Form von Rentenbriefen zu dem niedrigen Satz von vier Prozent möglich war.

Von der in Münster eingerichteten Rentenbank erhielt der Bauer den erforderlichen Betrag als Kredit und konnte das Darlehen in einer nicht befristeten Zeit zurückzahlen.

Auch die Wind- und Wassermüller hatten wie die Bauern die Möglichkeit, die von ihnen gepachtete Anlage zum Eigentum zu erwerben, wenn die Mühle nicht, wie es oft vorkam, Bestandteil des landwirtschaftlichen Betriebes einer Gräftenanlage (Wasserburg) war und die Grundherrschaft nicht zustimmte.

Fast noch wichtiger für den Bauern als diese gesetzliche Erleichterung der Ablösung aber war, daß um 1850 für die Bauern des Münsterlandes eine goldene Zeit begann, weil im nahen Ruhrgebiet eine starke Bevölkerungszunahme den Bedarf an Nahrungsmitteln schnell wachsen ließ. Die Kornpreise erreichten für mehr als zwei Jahrzehnte eine bis dahin nicht gekannte Höhe.

Angleichung der unterschiedlichen Maße und Gewichte

Brachte in früheren Zeiten der Bauer sein Korn zur Mühle, so stellte der Müller die Menge mit einem Hohlgefäß fest, das in jeder Mühle war und nach dem Füllen sorgfältig mit einer Latte abgestrichen wurde. Die bekanntesten Getreidemaße waren Malter und Scheffel. Die damit festgestellten Mengen waren aber von Land zu Land und von Ort zu Ort unterschiedlich.

Durch die Neuordnung Europas im Wiener Kongreß wurde das Münsterland 1815 Teil einer preußischen Provinz mit einer Bezirksregierung in Münster. Noch im selben Jahr nahmen die Beamten des Regierungspräsidenten ihre Arbeit zur Erstellung einer Abgabeordnung auf. Besonders bei den zum Messen der Getreidemengen von Ort zu Ort unterschiedlichen Größen und Bezeichnungen der Hohlgefäße hatten sie es nicht leicht.

Vergleichende Maße wie Meter, Liter oder Kilogramm standen noch nicht zur Verfügung. Nur die Franzosen hatten das metrische System seit 1795 eingeführt.

Im Amtsblatt vom August 1819 wurde eine „Vergleichstabelle der im Regierungsbezirk Münster gebräuchlichen Maße und Gewichte mit den neuen preußischen Normalen“ veröffentlicht.

Die preußischen Vergleichsmaße sind auf das damals bereits allgemein bekannte Grundmaß Pariser Linie bezogen, deren Länge 2,256 mm beträgt.

Um einen Überblick über den Wirrwarr der alten Ortsmaße zu geben, hat der Autor alle Angaben der Vergleichstabelle im Amtsblatt in die heute üblichen metrischen Maße Meter, Liter und Kilogramm umgerechnet.

Ab 1841 wurden alle bisher üblichen Ortsmaße außer Gebrauch gesetzt und ab sofort galten nur noch die preußischen Maße und Gewichte.

1868 wurde im Norddeutschen Bund das metrische System eingeführt und 1871 vom Deutschen Reich unter Kaiser Wilhelm I. übernommen.

Vergleich der Getreidemaße

Zur besseren Übersicht ist die Tabelle aus dem preußischen Amtsblatt von 1819 mit den heute üblichen Maßen Liter und Kilogramm ergänzt. Ein Liter Roggen wiegt rund 0,720 Kilogramm

	215 Scheffel			Malter
Ortsscheffel in	in preuß. Kubikzoll	in Liter	in Kilogramm Roggen	in Kilogramm Roggen
Preußen 1 Scheffel zu 16 Metzen 1 Malter zu 12 Scheffel 1 Wispel zu 2 Malter	3073	55,00	39,60	475,00
Münster 1 Scheffel zu 16 Becher zu 4 Spint 1 Malter zu 12 Scheffel	1325	23,72	17,08	205,00
Beckum 1 Scheffel zu 9 Becher	1107	19,81	14,26	
Coesfeld 1 Scheffel zu 16 Becher	1408	25,20	18,15	
Olfen 1 Scheffel zu 15 Becher	1657	29,66	21,36	
Werne 1 Scheffel zu 14 Becher	1491	26,69	19,22	
Ahaus und Bocholt 1 Scheffel zu 16 Becher	1484	26,57	19,13	

Ab 1841 galten im Regierungsbezirk nur noch die preußischen Getreidemaße:
1 Scheffel zu 16 Metzen mit rd. 55 Liter und rd. 40 kg Roggen
1 Malter zu 12 Scheffel rd. 475 kg Roggen
2 Malter = 1 Wispel

Ab 1871 galt das von Frankreich übernommene metrische Sytem. Bis alle Mühlen mit Waagen für

Meßgefäß mit Streichlatte.

Preußische Getreidemaße 1816; links = ½ Scheffel, rechts = ⅛ Scheffel.

das Abrechnen nach Kilogramm ausgerüstet waren, galt der neue preußische Scheffel mit 50 Liter Inhalt, das sind 36 Kilogramm Roggen.

Vergleich der Längenmaße

1 Pariser Linie 2,256 mm	münsterisch	preußisch und rheinländisch
1 Linie	2,02 mm	2,18 mm
1 Zoll zu 12 Linien	2,424 cm	2,616 cm
1 Kubikzoll	14,242 cm³	17,902 cm³
1 Fuß zu 12 Zoll	29,088 cm	31,392 cm
1 Rute zu 12 Fuß	3,49 m	3,767 m
1 Elle	58,176 cm	66,70 cm

Vergleich der Flächenmaße

1 Quadratrute	12,18 qm	14,19 qm
1 Morgen zu	2192,40 qm	
180 Quadratruten		2553,00 qm
1 Vollhufe zu		
30 Morgen		7,66 ha
1 Königshufe zu		
6 Vollhufen		46,00 ha

Vergleich der Gewichte

Das münsterische Gewicht war gleich dem preußischen Gewicht.

1 Pfund entsprachen 467 Gramm oder 32 Lot zu 128 Quentchen.

Ab 1858 galt auch im Münsterland nur das Zollpfund mit 500 Gramm.

Vergleich der Flüssigkeitsmaße

Die münsterische Kanne entsprach 1,36 Liter. Ab 1841 galten auch im Münsterland nur noch die preußischen Flüssigkeitsmaße:

1 Kanne oder 1 Maß zu 4 Schoppen entsprach 1,27 Liter
1 Faß entsprach 229,00 Liter
1 Tonne entsprach 114,50 Liter
1 Quart entsprach 1,14 Liter
6 Quart entsprachen 1 Teut
60 Quart entsprachen 1 Eimer
180 Quart entsprachen 1 Oxhoff
4 Oxhoff entsprachen 1 Fuder

Zählmaße (Zum Beispiel für Hühnereier)

1 Dutzend entsprachen 12 Stück
1 Mandel entsprachen 15 Stück
1 Schock entsprachen 5 Dutzend oder 60 Stück
1 Gros entsprachen 12 Dutzend oder 144 Stück

Gewerbefreiheit = Mühlenfreiheit

Als zur Zeit Napoleons das Münsterland 1810 Teil des Kaiserreiches Frankreich wurde, galt der „Code Napoléon", das französische Zivilrecht. Damit war nicht nur der Müller, sondern auch die Mühle und das Mühlengewerbe frei von jedem Zwang.

Bei Übernahme des Münsterlandes durch die preußische Verwaltung wurde zwar das französische Zivilrecht wieder außer Kraft gesetzt, aber Mühlenbann und Mühlenzwang nicht wieder eingeführt.

Die Durchführung der Gewerbefreiheit war anfänglich noch unklar. Erst die Gewerbeordnung des Jahres 1845 schuf die Voraussetzungen für eine lebendige Entwicklung des Mühlenwesens.

Nun wurden die Mühlen nach unternehmerischen Gesichtspunkten geführt und die Anlagen auf höheren technischen Stand gebracht. Es begann der Wettbewerb mit Steigerung der Qualität und Senkung der Preise zum Abwerben der Kunden anderer Mühlen. Handwerklich begabte Müllermeister verbanden sich mit kapitalkräftigen Unternehmern, die gern in den aufblühenden Wirtschaftszweig einstiegen. So leitete die Freiheit des Müllers und der Mühle eine steile Aufwärtsentwicklung der Mühlenindustrie ein.

Die Erfindung der Dampfmaschine leitet die Industrialisierung ein

Der Franzose Papin baute 1690 die erste Versuchsdampfmaschine. Dem Engländer James Watt gelang 1765 die Entwicklung einer Dampfmaschine mit vom Zylinder getrennten Kondensator. Damit war der Weg frei für den Einsatz der Dampfkraft als Arbeitsenergie.

1786 baute James Watt für die Albion-Mill in London eine Getreidegroßmühle, die als erste von direkt wirkenden Dampfmaschinen ihren Antrieb erhielt.

Durch die Nutzbarmachung dieser neuen Kraftmaschine wurde in der Technikgeschichte eine neue Phase eingeleitet.

Nun waren die Mühlen nicht mehr abhängig von Wasser und Wind, sondern konnten ihren Standort nach Verkehrslage zum Absatzgebiet aussuchen. Auch die Anzahl der Mahlgänge brauchte nicht mehr begrenzt zu werden.

Mit dem Einsatz der ersten Dampfmaschine war die Industrialisierung des Mühlenwesens eingeleitet, die unaufhaltsam vorwärtsschritt. Selbst viele Wind- und Wassermühlen beugten sich der neuen Zeit und stellten auf Dampfkraft um, sie konnten sich als Kleinmühlen nicht sehr lange gegen die Übermacht der marktbeherrschenden Großmühlen halten.

Die Wasserturbine als Alternative

1826 führte der Franzose Bourdin der Öffentlichkeit eine Wasserkraftmaschine vor, die er Turbine nannte. Vorbild war ohne Zweifel das Löffelrad aus der Frühzeit der Mühlenentwicklung mit getriebelosen sogenannten Horizontal-Mühlrädern. Die Turbine wurde sowohl in Europa als auch in Amerika weiterentwickelt und kam 1873 auch für geringe Gefällhöhen und kleine Wassermengen auf den Markt.

Die nutzbare Leistung der Turbine war derjenigen der herkömmlichen Mühlenräder weit überlegen.

Für die Verhältnisse des Münsterlandes erwies sich die Francisturbine als besonders geeignet und viele Klein- und Mittelmühlen haben mit der Umstellung auf Turbinenantrieb versucht, den Anschluß an die technische Entwicklung zu halten, den die Handelsmühlen mit ihrem Antrieb durch Dampfmaschinen oder Lokomobilen erreicht hatten.

Die Automatisation der Getreidemüllerei

Hand in Hand mit der Industrialisierung der Getreidevermahlung ging auch die Automatisation.

Im Jahre 1797 erfuhren die Mühlenfachleute in Deutschland von einer Großmühle in Virginia, die der Amerikaner Oliver Evans am Okkoquam-Fluß gebaut hatte: „. . . welche durch Wasser bewegt, alle Mahlarbeit selbst verrichtet!!!“ Weiter heißt es in dem Bericht: „In dieser Mühle, welche 3 Wasserräder und 6 Paar Steine hat, trägt man das Getreide nicht erst die Treppen hinauf, um es in den Rumpf zu schütten, eine einfache Maschinerie der Mühle zieht es bis auf den obersten Boden. (Das geschah mit Hilfe von Schnecken und Elevatoren.) Die Mühle selbst fegt und forchet ihr Getreide so rein als möglich, bevor sie es aufschüttet.“

Dieser umfangreiche, ins Detail gehende Bericht muß damals in Deutschland und auch in den anderen Ländern Europas sehr alarmierend gewesen sein, denn in dieser „automatischen Mühle von Oliver Evans“ wurde das Mahlgut nicht wie bei den europäischen Getreidemühlen 5- oder 6mal, sondern nur ein einziges Mal aufgeschüttet. Durch hintereinandergeschaltete Sichtverfahren wurden trotzdem verschiedene beste Mehlqualitäten erzielt.

Die Elektrifizierung der Mühlenbetriebe

In der Müllerei setzte im letzten Drittel des vorigen Jahrhunderts durch den Einsatz des elektrischen Stromes als Antriebsenergie eine neue Phase ein. Den Beginn dieses wichtigen zeitgeschichtlichen Abschnittes für die Technikgeschichte kann man für Deutschland auf das Jahr 1898 festlegen, da sich in diesem Jahr die Stromversorgungs-Unternehmungen von ganz Deutschland zu einem Interessenverband zusammenschlossen und begannen, das unentbehrliche Verbundnetz zu schaffen. Damit war der Impuls zur Industrialisierung und Automatisierung besonders stark.

Die Elektrifizierung der ländlichen Betriebe verzögerte sich gegenüber den Städten erheblich und wurde erst in den 50er bis 60er Jahren abgeschlossen.

Den Stromanschluß der Bauernhäuser bekamen die Wassermüller und die Windmüller bald zu spüren. Die Maschinenindustrie entwickelte einfache Schlagmühlen zum Schroten des Kornes für Viehfutter. Die meisten Landwirte rüsteten sich damit aus, und so fehlten den ländlichen Kleinmühlen bald die Aufträge.

Die Erfindung des Walzenstuhles

Wenngleich durch den Einsatz der Dampfmaschine und durch Industrialisierung und Automatisation der Technik des Mühlenwesens ein erheblicher Fortschritt erzielt wurde, blieb das schon aus antiker Zeit stammende Prinzip der Vermahlung des Getreides zwischen einem Oberstein und einem Unterstein erhalten.

Im Jahre 1876 baute der Mühleningenieur Friedrich Wegmann einen Walzenstuhl, mit zwei gegeneinander laufenden Walzen, der sich in der Industrie als gut brauchbar durchsetzen konnte.

Die Überlegenheit der Walzenstühle gegenüber den alten Mahlgängen ist offenkundig: Das Getreide wird nicht mehr zerrieben, sondern vielmehr zerschnitten. Die dadurch entstehenden Grieße lassen sich leichter von der Kleie putzen, so daß bei der Vermahlung die Mengenausbeute an Mehl und die Qualität steigen.

Der Walzenstuhl eignet sich wesentlich besser zur Mechanisierung. Der Energiebedarf ist geringer, die Verschleißteile sind schneller auszuwechseln als die schweren Mühlsteine.

Auch die Sichtung des Mehles wurde durch die Einführung des frei schwebenden Plansichters verbessert.

Alle Überlegungen galten der besseren Mechanisierung, gekoppelt mit Verbesserung der Automatisierung.

Die Förderung von Getreide und Mahlgut mit Elevatoren wurde auf pneumatische Förderung umgestellt. Zum mechanisch ablaufenden Arbeitsgang gehörten alle Arbeitsgänge vom Waschen des gelieferten Getreides bis zur Auslieferung des fertigen abgesackten oder verpackten Mühlenprodukts.

Die Handelsmühlen lösten die Lohn- und Tauschmühlen ab

Wie bereits ausgeführt, bestand im Fürstentum Münster ebenso wie in anderen deutschen Landen jahrhundertelang ein gut funktionierendes Zwangsmühlenwesen.

Jedes Dorf und jede Bauernschaft hatte ihre Mühle, in der alles geerntete Getreide zu vermahlen war.

Die Müller mahlten auf Bestellungen gegen Barzahlung oder Abgabe einer Multer. Ein Mahlen auf Vorrat für einen fremden Markt wäre seinerzeit, besonders für ländliche Mühlen wirtschaftlich unsinnig gewesen.

Der Bauer ließ sein Getreide vermahlen, wenn er Mehl brauchte und Zeit hatte. So bildete sich (bei allen nicht zu übersehenden Nachteilen des Zwanges) ein lebendiges und starkes Verhältnis zwischen dem Bauern und seiner Mühle.

Nach Einführung der Gewerbefreiheit entstanden sogenannte Handelsmühlen, die Getreide dort aufkauften, wo es preisgünstig angeboten wurde. Die fertigen Mühlenprodukte setzten sie über den sich bildenden Einzelhandel ab.

Das Aufkommen anderer Antriebsenergien als Wasser und Wind machten die neuen Handelsmühlen unabhängig vom Standort, vom Wetter und von der Jahreszeit.

Bald beherrschten kapitalkräftige Groß-Unternehmen den neuen Markt. Sie bauten standortgünstige Großmühlen und schalteten sich in den beginnenden Welthandel ein. Auch nutzten sie die jeweiligen neuen Erkenntnisse der Mechanisierung und der Automatisierung.

So ist es verständlich, daß diese modernen Handelsmühlen den ländlichen Lohnmühlen überlegen wurden.

Das große Mühlensterben

Die gegenüber den Großmühlen weniger kapitalkräftigen Mittel- und Kleinunternehmer versuchten sich dem neuen Wettbewerb anzupassen, die Leistung zu steigern und über den Preis den Kunden zu halten. Das führte zu Überkapazitäten und ruinösem Wettbewerb.

Die Blütezeit der Wasser- und Windmühlen, die nach Einführung der Gewerbefreiheit einsetzte, war nur eine Scheinblüte. Viele erst wenige Jahrzehnte vorher erbaute Windmühlen mußten ebenso wie ein Großteil der Wassermühlen um die Jahrhundertwende aufgeben.

Nur wenige Lohnmühlen im Münsterland konnten sich mit einem treuen Stamm von Selbstversorgern über den Ersten Weltkrieg und ein kleiner Rest über den Zweiten Weltkrieg hinweg halten.

Während der Zeit des Zusammenbruchs der Zentralen Versorgung und des Ausfalls der Großmühlen haben diese dezentralisiert liegenden Kleinmühlen der Bevölkerung geholfen, dem Hunger zu entgehen.

Nach 1945 sind die durch Kriegseinwirkung beschädigten Mühlen bevorzugt wieder aufgebaut worden. Aber schon bald war der alte Zustand von Überkapazität und ruinösem Wettbewerb wieder hergestellt. Durch Gesetz von 1957 wurde darum für das Mühlenwesen die Gewerbefreiheit wieder eingeschränkt. Jetzt waren für jede Änderung der Kapazität Genehmigungen der Aufsichtsbehörde erforderlich.

Zum Abbau der Überkapazitäten schlossen sich damals die Großmühlen zusammen und zahlten Beiträge in einen Mühlenfonds, aus dem alle Betriebe, die freiwillig stillegten, eine Abfindung erhielten.

Einige der Wasser- und Windmüller wehrten sich noch gegen die Stillsetzung. Als aber in den sechziger Jahren auch der entlegenste Bauernhof im Münsterland mit einem Stromanschluß versorgt war, kam das Ende.

Die Bauern erzeugten jetzt ihren Bedarf an Futterschrot auf elektrischen Schlagmühlen selbst. Es sind im Münsterland nur noch wenige der alten Mühlen in Betrieb, die mit Hilfe der Naturkräfte Wasser oder Wind Getreide schroten oder mahlen.

Zwei Sägemüller arbeiten noch voll mit der Kraft des Wassers, der eine am Oberlauf der Stever nördlich Nottuln und zwar der Sägemüller Bertels mit Antrieb von einem hölzernen Wasserrad und der andere an der Bocholter Aa bei Liedern mit dem Antrieb von einer Francisturbine. (Sägemüller Lensing). Das Sägewerk auf dem Hof Meier-Osthoff am Aarbrocksbach in Harsewinkel arbeitet nur bei Bedarf.

Wer die alten Wassermühlen und Windmühlen liebt, sie noch in vollem Betrieb kennt oder gar selbst Getreide zum Mahlen dorthin brachte, wird vieles von dem Vertrauten vermissen, wenn er heute eine Getreide-Großmühle besucht.

Vergeblich wird er die Mühlsteine suchen; die alten Mahlgänge haben neuen Techniken der Vermahlung Platz machen müssen.

Vergeblich wird er auch den vom Mehlstaub eingehüllten Müllermeister suchen, wie er zwischen Daumen und Zeigefinger die Feinheit des Mehles prüft. Heute arbeiten die Mühlenfachkräfte in voll mechanisierten, staubfreien Betrieben und überwachen von einem Schaltpult aus über Monitoren den gesamten Arbeitsvorgang bis zur Verladung. Ein Laborant prüft laufend die gleichbleibende Qualität der Produkte.

Ebenfalls vergeblich wird der Freund der mittelalterlichen Mühlen in diesen sauberen und leistungsfähigen Großmühlen allerdings auch nach der verschwundenen Romantik, nach dem behäbig lustigen Spiel der Räder, Ausschau halten. Auch hier, wie in vielen anderen Bereichen unseres Lebens, hat sich ein grundlegender Wandel vollzogen.

Es ist erfreulich, daß nicht nur im niederländischen Nachbargebiet, sondern auch im Münsterland etliche Wind- und Wassermühlen mit Unterstützung des Denkmalamtes restauriert wurden. Mitglieder von Fördergruppen lassen sich in Holland als Müller ausbilden und gehen in ihrer Freizeit mit der betriebsbereitgemachten Mühle an Wochenenden in Produktion.

Wassermühlen als Kleinwasserkraftwerke

Der Anteil der Großwasserkraftwerke an der Stromerzeugung für die Bundesrepublik ist nicht gerade bedeutend, aber hinsichtlich der Umweltbelastung und dem Risiko, die von der Stromerzeugung aus den Energieträgern, Kohle, Erdöl, Erdgas und Uran ausgehen, doch als nützlich und wertvoll anerkannt. Daß auch eine Vielzahl von Kleinwasserkraftwerken zur Entspannung der Energieversorgungslage beitragen könnte, ist den meisten Bundesbürgern nicht bewußt.

Die Kleinanlagen erzeugen den Strom in Verbrauchernähe, sind wenig störanfällig, tragen zur dezentralisierten Stromversorgung bei und vor allem sind sie umweltfreundlich.

Im ganzen Bundesgebiet und auch im Münsterland gibt es Bestrebungen, die bestehenden Stauwerke an den Wassermühlen für die Stromerzeugung nutzbar zu machen. Im Münsterland würden sich mehr Mühlenbesitzer beteiligen, wenn die Stromversorgungsunternehmen als Monopolträger etwas entgegenkommender wären und für den ins öffentliche Netz eingespeisten Strom wenigstens die Hälfte von dem Verkaufspreis zahlen würden, den sie von ihren Abnehmern verlangen.

In den ländlichen Bezirken des Münsterlandes können etliche Wassermühlen auf Erfahrungen der Stromerzeugung mit ihrer Wassermühle zurückblikken und zwar von der Jahrhundertwende bis zu den Jahren, als endlich auch die ländlichen Gebiete an das öffentliche Stromversorgungsnetz angeschlossen wurden.

Einige der Kleinwasserkraftwerke arbeiten noch (oder wieder), andere könnten mit vertretbarem Aufwand betriebsbereit gemacht werden. Dazu ein kurzer Überblick:

Die alten Wassermüller rechnen in PS = Pferdestärke, ein Begriff, der aus der Mühlensprache kommt. Roßmühlen, bei denen ein oder mehrere Pferde das große Stirnrad im Umlauf zogen, gaben den Namen. Die Leistung war entsprechend gering. Die Leistung von Wassermühlen war höher und ein hölzernes Mühlenrad brachte bei dem geringen Gefälle an den münsterischen Mühlen immerhin 6–12 PS.

Nach Einführung der Gewerbefreiheit in der ersten Hälfte des vorigen Jahrhunderts suchten die Müller nach Wegen zur Leistungssteigerung des Mahlbetriebes. Durch optimale Formgebung neuartiger aus Stahlblech gearbeiteter Wasserräder in Verbindung mit dem leichten Lauf gußeiserner Getriebe konnte der Nutzeffekt je Anlage bis auf 20 PS gesteigert werden.

Ab 1873 boten die Maschinenbauer den Mühlenanlagen leistungsfähige Wasserturbinen für geringe Gefällhöhen an.

Damals stellten viele Mühlenbesitzer auch im Münsterland ihre Anlagen vom Mühlradantrieb auf Turbinenantrieb um. Sie konnten verschiedene Leistungsstufen wählen, normal waren 25 bis 50 PS. An Bächen und Flüssen mit größerer Wassermenge konnten auch leistungsfähigere Turbinen bis über 100 PS eingesetzt werden.

In den Industriegebieten gab es im auslaufenden vorigen Jahrhundert schon eine Stromversorgung und 1898 schlossen sich die Stromversorgungsunternehmen zu einem Interessenverband zusammen und begannen ein flächendeckendes Verbundnetz zu schaffen. Durch die beiden Weltkriege mit den nachfolgenden Geldentwertungen traten jedoch erhebliche Verzögerungen ein.

Dank der Francisturbine konnten aber die damit ausgestatteten Wassermühlen über einen Generator Lichtstrom erzeugen und damit das Herrenhaus oder Schloß, das Müllerhaus und die nächsten Nachbarhäuser versorgen: Dazu einige Beispiele:
Herr Böing, Sohn des letzten Müllermeisters in der Tüshausmühle in Deuten bei Dorsten berichtet, daß 1890 die beiden hölzernen Mühlräder von je 10 PS Leistung abgebaut und durch eine Francisturbine von 50 PS Leistung ersetzt wurden. Die Anlage trieb die Korn- und die Ölmühle und erzeugte zusätzlich Lichtstrom.

1908 bekam die Mühle eine 75 PS Francisturbine. Neben den Müllereimaschinen wurde jetzt ein Aggregat angetrieben, das den Lichtstrom für alle Gebäude des Gutshofes einschließlich Brennerei lieferte, der zusätzlich auch für die Beleuchtung der Kirche und beim Schützenfest für das Festzelt ausreichte.

Der Müller Roberg in Harsewinkel hat von seinem Vater eine kleine Mühle an der Lutter übernommen. 1905 baute sein Vater eine 25 PS Francisturbine ein, die zusätzlich Lichtstrom für das Müllerhaus und einige Nachbarhäuser lieferte. Der unternehmerische Müller ließ 1908 eine zweite 25 PS Turbine in die stillgelegte Bokemühle einbauen und lieferte mit diesem Kleinwasserkraftwerk den Strom für 750 Glühlampen in den Nachbarhäusern und für 30 Straßenlaternen (je 15 Watt). Bei Anschluß von Harsewinkel an das öffentliche Stromnetz mußte Müller Roberg seine Anlage stillsetzen.

Seit 1986 erzeugt der Müller wieder Strom für den Eigenbedarf.

Viele Beispiele dieser Art könnten noch angeführt werden. Erwähnenswert ist aber auch die Aufbereitung von Warmwasser mit Hilfe einer wieder in Betrieb genommenen Francisturbine. Auf dem Gutshof Schulte Westerath in Stevede im Stevertal läuft seit 1984 ein Pilotprojekt. Die Francisturbine der stillgelegten Wassermühle ist betriebsbereit gemacht und Teil einer „Kinetotherm-Anlage“ geworden. Nach dem System „Wirbelstrombremse“ wird Warmwasser erzeugt und damit das Wohnhaus und die Stallgebäude versorgt.

Verglichen mit der üblichen Größenordnung in der Elektrizitätswirtschaft ist der zu leistende Beitrag der Wassermühlen als Kleinwasserkraftwerke verschwindend gering, aber neben den volkswirtschaftlichen Vorteilen sollte nicht unterschätzt werden, daß die häufige Verwirbelung des Wassers an den Staustufen Sauerstoff einträgt und die Mühlenteiche wertvolle Feuchtbiotope bilden. Die Wassermühlen an gesunden Flüssen zu erhalten, ist das Ziel aller Mühlenfreunde.

Mühlen in Dichtung und Volksglauben

In alten, längst vergessenen Zeiten, als das Korn noch von Hand auf kleinen Drehmühlen gemahlen werden mußte, übertrug man auf den großen Höfen diese Aufgabe einer mehr oder weniger großen Gruppe von Mägden. Diese versuchten die Eintönigkeit ihrer Arbeit durch Singen rhythmischer Wortreime zu erleichtern und erlebten die ganze Zauberkraft von Wort und Sang bei gemeinsamer Arbeit. So entstanden aus Wünschen und Träumen gebildete Mühlenmythen die von Himmelsmühlen, Liebesmühlen, Zaubermühlen und Jungmühlen erzählten.

Kein Geringerer als der berühmte römische Dicher Vergil hat die monotone, nie endenwollende Schufterei treffend beschrieben.

... Ruft dann die Hände ans Werk,
Dem beiderseitig er obliegt,
Während die Linke bedient,
Ist die Rechte hart an der Arbeit:
Sie läßt kreisen das Rund
In immerwährendem Umlauf.
Ceres fließt herab,
Vom Stoß der Steine zermalmet.

... Als das drehende Werk
Sein rechtes Ende gefunden,
Trägt er hinüber das Schrot
Mit der Hand, ins Sieb es zu schütten,
Schwingt's und es bleibet ganz oben
Zurück der schmutzige Abfall,
Abwärts sinkt die gesäuberte
Ceres reinlich geschieden.

Die Erbschaft dieser Fron ging auf die Wassermühle über, aber mit ihr auch der ganze Kranz von Sagen und Märchen.

Da wird von Helden berichtet, die nach einem Liebesabenteuer eines hochwohlgeborenen Herrn in der Mühle mit einer hübschen Dame unehelich geboren werden und dadurch nicht anerkannt sind. Die jugendlichen Helden ziehen aber in die Welt hinaus und vollbringen große Taten.

Da gleichzeitig mit der Verbreitung der Wassermühle für die bäuerliche Bevölkerung eine Verschlechterung der Bodenbesitzrechte einherging und neben der Grundherrschaft auch Mühlenbann und Mühlenzwang folgten, gaben Unzufriedenheit und Neid auf den Müller den Geschichtenerzählern neue Nahrung.

Es wurde überlieferter Volksglaube aus der Zeit vor der Christianisierung verwoben mit christlicher Gläubigkeit und mit blühender phantasiereicher Fabulierkunst von Generation zu Generation weitergegeben.

Die Himmelsmühle

Im alten Sachsenland nahm vor der Christianisierung „Donar" in der mythischen Vorstellungswelt die Stelle des Fruchtbarkeitsgottes, also eines echten Bauerngottes, ein.

Auf seiner Donnermühle, die einem großen Mörser glich, mahlte Donar Wolken, Schnee und Regen. War er zornig, so stieß er seinen Hammer (Mjölnir) in den eisernen Mörser, und die sprühenden Funken zuckten als Blitze zur Erde.

Nach der Missionierung und Bekehrung zum Christentum mußten die Sachsen den alten Göttern abschwören und im Taufgelübde neben Wotan und den anderen „Saxnoten" auch Donar als Unhold entsagen.

In der Vorstellungswelt der Bauern verwob sich nun altes und neues Gedankengut.

Donars Gewittermühle wurde zur Himmelsmühle, auf der zwischen den Mühlsteinen Wolken, Schnee und Regen gemahlen wurden.

Nicht bei uns, aber in Skandinavien hat sich die Erinnerung daran erhalten. In der schwedischen Sprache heißen die Wolken „Moln", d. h. das Gemahlene, und der feine Schnee wird „Mjöll", d. h. Mehl, genannt.

Der Traum der Menschen war, selbst solch eine Wundermühle wie die Himmelsmühle zu haben. So mahlen in der Edda die zwei Mägde Fenja und Menja auf der Mühle Groti alles, was man verlangt. Gold, Frieden, Glück und auch Salz.

Aberglaube um Mühlrad und Mühlwasser

Bis in die Zeit der Aufklärung haben sich in allen Ländern abergläubische Bräuche um die Mühle erhalten.

War ein Kind im Haus erkrankt, so ging der Hausvater in der Frühe bei Sonnenaufgang zur

Mühle und fing das vom Mühlrad plätschernde Wasser auf, trug es nach Hause und ließ darin das erkrankte Kind waschen. Wie das Wasser vom Mühlrad abfällt, so sollte dem Volksglauben nach auch alles Unheil, so auch die Krankheit, vom Kind abfallen.

Auch den Erwachsenen konnte dieses Mühlradwasser helfen. Sie mußten vor Sonnenaufgang aufstehen, ein reines Hemd anziehen, einen neuen Topf nehmen, dessen Preis sie ohne Murren und Feilschen gezahlt hatten, und zur Mühle gehen.

Der Kranke durfte nicht sprechen und auch von keinem gesehen werden. Mit dem Wasser vom Mühlrad mußte er den ganzen Körper waschen, dann fiel alles Ungemach von ihm ab.

Eine andere Hilfe bei der Erkrankung eines Kindes war ein Span vom hölzernen Mühlrad. Man brannte den Span an, räucherte damit die Windeln oder die Kleidung des Kleinkindes, und das Kind gesundete.

Mit Hilfe der Mühle konnte eine verlassene Braut auch die Rückkehr ihres Liebhabers erzwingen. Sie mußte nur ein Stück Gewand des Untreuen in die Mühlpfanne legen und den Müller bitten, die Mühle scharf laufen zu lassen. Dann wirkte die Mühle in die Ferne, und der Liebhaber kehrte sehnsüchtig zurück.

Ähnlich konnte man auch gestohlenes Gut zurückerhalten. Drei Pfennige mußten in die Mühlpfanne gelegt werden, und bei scharfem Lauf der Mühle bekam der Dieb Gewissensbisse und brachte voller Reue alles Gestohlene wieder an den alten Platz.

Daß der Klapperstorch die Babys aus dem mit Seerosen bedeckten Mühlenteich holte, wußten wir schon als Kinder. In manchen Orten sollen es die Müllerburschen gewesen sein, die das Baby aus dem Mühlenkolk holten und der Hebamme in die Tasche legten, die es dann der glücklichen Mutter brachte.

Vom Müller, von Kobolden und Teufeln

Als es bei uns auf dem Lande noch keinen elektrischen Strom gab und auch nicht das billige Petroleum für die Lampen, saßen die Menschen an den langen Abenden im Herbst und Winter um eine kleine Öllampe in der Spinnstube zusammen. Während die Frauen und Mädchen sponnen, erzählten die jungen Burschen von ihren Erlebnissen, und auch der Öhm beteiligte sich. Oft stand dabei die Wassermühle, die nahe der Burg am Bach und abseits des Ortes lag, im Mittelpunkt. Bei Tageslicht waren alle schon einmal dagewesen, und jeder kannte die Mühle. Aber abends oder gar nachts, wenn es dunkel war und vom rauschenden Wehr der Nebel aufstieg, da war es schon unheimlich in der Mühle. Beim Licht von der kleinen Ölfunzel des Müllers erleuchtet, huschten Schatten durch die Mühle, da knarrte und knorrte es im Gebälk und in den Rädern des hölzernen Getriebes.

Der einzige, der keine Angst hatte, war der Müller, der schüttete auch bei Nacht das Korn auf oder hämmerte bei trübem Talglicht eine Getriebepfanne zurecht. Alle in der Spinnstube wußten, daß beim Müller nicht alles mit rechten Dingen zuging, daß er ein Zauberer war und sich gute Seite mit dem Teufel und dem Nix im Mühlenkolk hielt. Nachts besuchten die freundlichen Waldkobolde die Mühle und halfen dem Müller bei der Arbeit.

Der Müller und der Teufel

Den Bauern war es immer schon klar, warum es dem Müller besser ging als ihnen, denn der war ja mit dem Teufel im Bunde.

Der Teufel hilft dem Müller und darf dafür in den Neumondnächten den Schrotgang belegen. Meist mahlt der Teufel mit lautem Gepolter Menschenköpfe.

Dem Teufel geht es sehr darum, eine eigene Mühle zu haben, darum kämpft er um die Seele des Müllers, denn nach seinem Tod soll der Müller in der Hölle eine Teufelsmühle bauen.

Er macht mit dem Müller einen Vertrag und in der Mühle herrschte Wohlstand. Am Ende wird aber der Teufel immer wieder von dem schlauen Müller überlistet und bisher ist noch kein Müller in die Hölle gekommen. So steht es in allen Märchen.

Es war einmal ein Müller, der hatte auch so einen Vertrag mit dem Teufel gemacht, aber vor seinem Tod keine Gelegenheit gehabt, seinen Partner zu prellen. So nahm ihn der Teufel beim Kragen und schleppte ihn zur Hölle. Als sie jedoch am Himmelreich vorbeikamen, stand die Himmelstür weit auf und davor der heilige Petrus. Geschwind warf der Müller seine Kappe in das Himmelreich und tat so, als habe der Wind sie ihm vom Kopf geweht. Inständig bat er den Teufel, seine Kappe wiederholen zu dürfen. Der erlaubte es, und auch Petrus hatte nichts dagegen. Jedoch kaum war der Müller im Himmelreich setzte er sich schwupps auf die Kappe und war von seinem Eigentum nicht zu vertreiben bis auf den heutigen Tag. Der Teufel aber hat noch immer keine Höllenmühle, auf der er die Seelen armer Sünder mahlen kann.

Der Müllerbursche und die Hexe

In alten Mühlen schlichen des Nachts als Katzen verkleidete Hexen mit grünen Augen durch die Räume. Wehe dem müden Burschen, der des Nachts in der Mühle schlief. Wenn die Hexen ihn fanden, ließen sie ihm keine Ruhe, bis der Morgen graute. Besonders schlimm war es, wenn die Müllerin selber eine Hexe war. Sie verwirrte die Herzen aller Müllerburschen und verwandelte sich dann bei der Nacht in eine Katze und trieb mit den jungen Burschen ihr Unwesen. Der Spuk endete erst, wenn sich einer der Müllerknechte oder -gesellen ein Herz faßte und der Katzenhexe eine Pfote abschlug.

Der Müller und der Wassermann

Der alte Müller und der Wassermann im Mühlenteich waren gute Freunde geworden. Der Nix schützte die Mühle vor Unheil, dafür durfte er bei Nacht in die Mühle und sich aus dem Kessel soviel von den frischgefangenen Fischen nehmen, bis er satt war.

Als der alte Müller starb, kam die Mühle an einen neuen Besitzer. Den ärgerte es, wenn nachts der Wassermann in Gestalt eines Katers sich Fische aus dem Kessel holte.

Als nun eines Nachts der Wassermann wieder als Kater in die Mühle kam und Fische aus dem Kessel nehmen wollte, schlug er ihm auf die Pfoten. Seitdem wurde der Nix nicht mehr gesehen. Der Müller aber hatte in seiner Mühle nur noch Pech und Unglück.

De Weg noa de Sythener Müel

Ick kann mie noch gudd an den ollen Alfred Rütter erinnern, de äs lesten Möller von 1932 bis 1954 de Müel pacht harre un vö Sölfstvösuerger dat Koan malen. Äs Kinner wassen wie waane angedoahn, wenn wie met noa de Müel droffen. Un äs junge Käel was vö mie de Weg noa de Müel ümmer gähn gedoahn, un dat friewillig.

In Sythen wuer doamoals hauptsäcklick Hawer, Roggen und Boekweit anbaut, denn et was meest magern Sand bie us. Bloss hier un doa woss Weit, un so möggen de Buen, wenn se witten Stuten wöllen, Roggen tiergen Weiten intueschken. Dat Tueschkevöhältnis was so: Vö twee Zentner Roggen gaff et eenen Zentner Weit. Boekweitenmiel wuer nich toet Backen bruekt, vö Panha un Pankoeken ower wull. Hawer wass völ Veeh.

Biet Insacken vont Koan mössen Blagen fake helpen. Up jeden Hoff gaff et doefö ne extra Pannschüppe. Düsse droff vö nix anners nuermen wäen. Mien Vader tellen de Schüppen genau aff, un meesttiet stimmen dat Gewicht met de Woag üerwereen, denn in miene Tiet gafft inne Müel all ne Dezimoalwoage, un jeden Sack wuer wuorgen. De Tiet, woet Koan noch met Schiärpels mierten wuer, de wass all länkst vöbie. De vullen Säcke kammen up de Stiärtkoare, uppen Twiärsbrett konn eene sick setten, un aff gonkt noa de Müel.

Dat Twiärssen vont Isenbahn-Gleis met junge Piärde was ümmer met Springerie un grot Trioater vöbunnen. De Piärde hadden Ankst vö de Isenbahn un de Schranken, un dat besonners, wenn sie harunnergedreiht wuern un en Zug kam. Anne Überwergank möss'm se bien Kopp packen. An de Müel wuer de Koarre trüggwäets an de Ramp sett'. Dat wass gar nich es so eenfach, wiel dat alle Piärde vöt Waterrueschken un Rumpeln und Pumpeln un Klappern un Knoarren vont Müelrad un Müel Ankst hadden. Töet Uetladen hong man de Kaonsäcke anne Kiärte, un met ne Sellrulle, wekke annen Dackbalken festmaakt wass, trock'm se üorwer den Mahlgank, Doafon goff et twee, en Schrotgang un en Büdelgank föet Brodmiel. Wenn dann dat Koan malen wuer, mössen wie wochten, büs dat et ferrig was.

Dat wass so recht wat föe us Blagen, dat Wochten inne Müel. Üorweall gaff et wat tö kieken. Wenn'm döt Fenster keek in den Müelenkolk un int schüemende Water, dat wass all wat un moek Indruck. Manksen däe us de Möller oek wiergen, sölwstredend oahne Holschken. Dobie seggen he wull: „Jünksken, du moss mäe Panhas iärten, dat uet die wat wäd!“

Äs ik noch son jungen Käel wass, föen ik faken alleene noa de Müel, üm dat Brodmiel un Veefoe malen te loaten. De Möller sagg dann: „Multern orre betalen?“

Meesttiet wuer multert, un en uetmakt Deel Schrot orre Miel kamm nue inne Multerkiste, nich innen Sack.

Sowiet äs ik mie erinnern kann, wass de Multermoate antlest so: Up den Schrotgank was et 1 tö 20 un up den Bödelgank 1 tö 12. Doabie wuer den Völust biet Malen anriekt. Dat wass 1/50 tel vont angeliewete Koan.

Biet Mahlen stellen de Buern de Piär in de Uorgemüele, woa nich arbeit' wuer. Düsse Müel lagg up de annere Siet vonne Koanmüel un de Bierk. Se satten dann bie de Möller up'n Mielsack un läten sek dat Piepken schmaken. Nich ümmer, manks wass oak en Schnäpsken doabie. Mannigeen uet Welt un Duorp wuer doabie büelt un mahlt. We uet de Müel kamm, de wass gewüernlick gud informeert.

Es wass wull schöen, doamoals!

Vertellt: van Öhm Therro (Theo Alfs, Sythen)
Upschriewen: van Thewes Franz, Haltern

Vant Brodbacken

Äs de Müel noch läep un wie usse eegene Koan noch töe Brodmiel malen loaten können, wuer up alle Buenhüerwe in Sythen in eegene Backüörmens Brod backen.

Meest eenmoal inne Wierk vö alle Dage. Wie wassen ne groete Famillge un brueken so anne 10 büs 14 Stutens.

In Sythen wass keen Weitland un dat Tueschkeschäft met Weit und Roggen met Völust vöbunnen. Wiegen dat backten usse Groetöllern un de, we vö öe wassen, hauptsäcklick Roggenbrod, und dat met „Sue". Een Klümpken Deeg wuer ümmer vöewaet vöt naichste Backen.

Äs ick noch Kind wass, backen alle Buen in Sythen all Stuten. En Brod, mischket uet Weit un 30 % Roggenmiel (Büdelmiel). Stuten wuer ümmer met Geste backen, nich eenmoal met Sue.

Oabens vö Backdag namm de Meerschke noeg Geste, röen met Plunnermielke an un stellen se innen waemen Stuormen töet Gesten (Upgoen). Nue wuer de Backuormen töet Anbriänen ferrig maekt.

Ussen Backuormen wass met Backsteene müet, sowull Buorden un oek dat Gewölbe. Dat de Wiärmde holl, wuer noch Lehme anschmeert. Ussen Uormen stonn int Spieker. Ne Isendöe wass den Vöeschluort, we met ne Klinke lossmaekt un schluorten wäen konn.

Dat Füe sölwst wuer in den Backuormen anleggt. Dat däe de Meerschke sölwst, se alleen wuss uet Erfahrunk, wuevull Hitze he hebben mogg. Dat Holt moss dröege sien. Wie ant Hues nommen töet Anböeten lück Streh, ne halwe Bueschke, un töet Noaleggen üm de 14 Stück Backholt (splettet Eiken-Bökken orre Birkenholt). Den Backuormen moss so lank upheizt wäen, büs dat hee inwändig gans witt wass un sick up de Steene kenne düstern Pläcken mäe seien läten. Dat duen so anne 3 Stunns.

Noch eenmoal wuen de gleienden Hoaltstücke vödällt üörwer den ganzen Uormenbuorden, wiegen dat üörweall glieke Wiärmde wass. Met en Krässer wuer dann de Aschke haruettrocken un int Aschkelock sammelt. (Aschke, un besonners socke von Böckenholt, wass gud töet Maeken von Waschk – und Schuewater, et gaff ja noch kenne künstlicken witten Riesen un Gerei, oek was Holtaschke gut vöt Land, (et wass gud dernoe).

Alle Aschke wass nue uetkrasst un den Uormen met en Riesenbessem uetkeehrt. Den Krässer wuer met en natten Sack ümwickelt un den Uormen oek noch fien uetwischket.

De richtige Temperatur wass doa, de Bröede konnen ingeschuormen wäen, konn de Meerschke de Fuuest soe lank in den Uormen hollen, äs se Vaderunser seggen konn.

Tüschkentiet moek de Merrschke den Deeg ferrig. Dat Miel lagg proat in den Deegtrog.

(Den Backtrog wass en eikenhölten Kasten. Den Trog was buormen bredder äs unnen. Den Deegtrog, we wie ant Hues gebrueken, wass 1 m lank, 50 cm breet und 40 cm hoege.)

Nu wuer inne Midde von dat Miel en Lock maekt, un doadrin de Geste schüt't.

Met Plunnenmielke und en biättken Soalt wuer nue de Geste met dat Miel so lank mischket und gudd menkt un knueft, büs dat den Deeg gud wass un nich töe loppen anfonk.

Den Deeg wuer nue in den Trog waerm toedeckt un moss eene orre anderhalw Stunnen resten un upgoahn.

Donoah kamm de schwöttste Plackerie, wiegen dat nue den Deeg met beide Füeste so lank menkt un knueft wuer, büs dat he möidig wass. Oek dat moek de Meerschke ganz alleen.

Wie wuer alls waerm todeckt, eene Stunn konn den Deeg nue rüg upgoahn.

Doanoe wuern den Bröde uetformt un den Deeg in de richtigen Portiönkes updeelt. Noch eenmoal wuern se menkt un knueft un enzelt up den Dischk leggt. Zug dorff nich sien, Fensters mössen toebliemen. Met den hölten Brodschüwer schuorw eene de Bröde enzelt in den Uormen. Et gehöen dotoe, de Bröde met schwatten Koffee tö bestrieken, wiegen dat se schöen bruen un kross wuern.

De iserne Döer wuer togemakt un noa anderthalw Stunns wassen de Bröde gar. Met den Schüewer holl eene de härlick ruekenden Bröde haruet, un toet Affköelen wuern se upp den Dischk geleggt, äss anne Liene trocken.

Wuern Knabbeln bruekt, dä'm de waermen Bröde in Stückskes briärken, von nies up son Holtrost (Höheten) innen Uormen schuouwen un kross noabacken.

Sicker goff et oek annere Brodsorten wu Wittbrod met Korinthen un Rosinen. Vö de Blagen gafft en Appelstüetken. Dat wass en Appel in Deeg backen. Bie Hochtieden, un wenn en nieen „Erdenbürger" doawass, goffen Piärdeöhms un Piördetanten een Plass. Dat is en üerwergroeten Stuten met Korinthen un Rosinen. Anschnieen konn eene em bloeß, wenne up en Stoehl stiergen wass. Son Dink wass nämlick 70 büs 80 cm in de Längde.

Niärbenbie gesaggt gifft nix Bierteret äs sölwstgebackenen, frischken Buenstuten met Mettwuorst orre luftdröegen Schinken.

In fröere Tieden schnee nich een Framenschk in Hues Stuten an, oahne dat se ierst met de Spitzke vont Brodmess an de Ünnersiete licht en Krüessteeken inritzen un usse Häergott vö dat geschonkene däglicke Brod kuert danken däe.

Tö son gudden Buenstuten met Buorter un Schinken höet ne Schiewe Pumpernickel. Pumpernickel wätt met ungebüelten Roggenschrot un Suer backt. 10 büs 13 Pund wüörgen de Bröde wull. Up nich eenen Hoff dä de Meerschke düsse Abeid. Pumpernickelmaken wass schwoare Mannslüeabeid, wecke de Bue sölwst dei. Ick vö mei häff dat Backen ant Hues nich mäe kennläet.

Niärbenbie moss den Backuormen noch mäe doen, bis dat he uetköehlen dei. In de Hiärwsttied wuern up de Höhete Appelringe, Beenschiewen un Backpruemen leggt. Dat ganze Wiärks wuer in den Uormen schuorwen in siene Noahhitze. Winterdags dröegen de Fraulüde klamme Bettlakens un Bedden sölwst in de Noahhitze.

Alls is nu vöbie, un we weet dat noch un vötellt et use Blagen, wenn nich wie sölwst?

Vertellt: van Öhm Therro (Theo Alfs, Sythen)
Upschriewen: van Thewes Franz, Haltern

Die „Musepielerscheune" am Hof Schulte Empting bei Hiddingsel

In früheren Zeiten, als die Bauern noch keine Dreschmaschinen hatten, lagerten sie die Korngarben nach der Ernte zum Nachtrocknen in besondere Scheunen ein und droschen den jeweiligen Bedarf, den sie zur Mühle bringen wollten. Nun mußte das gelagerte Getreide gut durchlüftet werden, außerdem war ein Schutz vor dem unbändigen Hunger der Schadtiere Ratten und Mäuse erforderlich. Mit der Scheune auf Pfeilern wurden beide Forderungen voll erfüllt. Durch den Hohlraum zwischen dem Erdboden und den Kornböden hatte der Wind eine gute Durchzugsmöglichkeit und das Korn wurde gut getrocknet und vor Muffigwerden geschützt. Die Fachwerkwände und die untere Balkenlage der Scheune sind unterstützt durch konisch geformte Steinpfeiler, die jeweils mit einer allseitig überkragenden Steinplatte abgedeckt sind. Den klettergewandten Nagern wurde so das Eindringen in die Kornböden verwehrt oder doch wenigstens ganz erheblich erschwert.

Viele dieser Scheunen auf „Musepielern" gibt es heute nicht mehr im Münsterland. Eine sehenswerte Pfeilerscheune gehört Schulte Empting in der Bauerschaft Rödder bei Dülmen.

Der Schulzenhof Empting hat eine alte Geschichte, bereits 880 wird er im Heberegister des Kloster Werden aufgeführt. Im 18. Jahrhundert, als Freiherr Christian Franz von Fürstenberg Herr auf Haus Sythen war, gehörte der Schulzenhof Empting zur Sythener Grundherrschaft. Zu den von dem Schulzenhof Empting in Rödder für das Haus Sythen zu erbringenden Leistungen gehörte unter anderem auch der Spanndienst mit vier Pferden, sooft für die Wassermühle in Sythen ein Mühlstein geholt werden mußte.

Die „Mäusepfeilerscheune" am Hof Schulte Empting.

Die pyramidenförmigen Pfeiler waren mit überkragenden Steinplatten abgedeckt und erschwerten den Mäusen den Weg in das Kornlager.

Die Wassermühle Overmeyer in Halverde.

Alte Mühlen im Münsterland

Kreis Steinfurt

1 *Die Wassermühle Overmeyer in Halverde bei Hopsten*

Der große Bauernhof Overmeyer-Wichmann liegt an der Halverder Aa, 500 m ostwärts der Kirche. Erstmals urkundlich erwähnt wird der Hof im Jahre 1050, als er zusammen mit anderem Kirchenvermögen in einer Zusammenstellung als zehntpflichtig dem Kloster Corvey an der Weser genannt wird. Danach wechselte der Hof mit der Mühle mehrfach den Besitzer und kam um 1400 vom Grafen von Tecklenburg an den Bischof von Münster (mit dem Niederstift).

Das nördliche Gebäude der Mühlenanlage war die Ölmühle. Bis 1925 wurde in ihr noch aus Raps, Leinsamen und Buckeckern Speise- und Lampenöl geschlagen, dann war ihre Zeit vorbei. Um die Ölmühle mit ihrem hölzernen Triebwerk, dem Kollergang und dem Schlagwerk nicht verkommen zu lassen und als technisches Denkmal zu erhalten, wurde sie gründlich restauriert und ist seit August 1988 wieder ein wertvolles Anschauungsobjekt.

Das etwas kleinere Gebäude war die Kornmühle. Sie erhielt 1907 statt des Mühlrades eine 12 PS starke Wasserturbine und hat mit ihr bis 1943 gearbeitet. Dann bekam der Hof, und damit auch die Mühle, einen Stromanschluß an das Versorgungsnetz der VEW. Die Mühle hat mit Netzanschluß noch bis 1955 Lohnmahlungen durchgeführt.

Die Mühle

Du müde, morsche Mühle,
dein Moosrad feiert Ruh, –
Aus der Olivenkühle
schaut dir der Abend zu.

Der Bach singt wie verloren
Menschenlieder nach,
tiefer über die Ohren
ziehst du dein trutziges Dach.

Rainer Maria Rilke (1875–1926)

Es ist geplant, die ebenfalls überholungsbedürftige Kornmühle zu restaurieren, damit Besuchern auch die jahrhundertealte Getreidevermahlung vorgeführt werden kann.

Die heutigen Fachwerkgebäude wurden im 19. Jahrhundert auf bestehenden Fundamenten errichtet.

Ölmühle in Halverde. Der Kollergang.

2 *Knollmanns Mühle in Hörstel*

Diese Wassermühle liegt an der Hörsteler Aa und gehört zum Gehöft Noje-Knollmann.

Nach einer Urkunde aus dem Jahre 1796, als das Münsterland noch ein geistliches Fürstentum war, erlaubte Maximilian, Bischof von Münster, dem Eigenhörigen seiner Hofkammer, dem Zeller Knollmann, auf dem Anwesen an der Aa gegen Zahlung einer jährlichen Pacht eine Bokemühle zu errichten und zu betreiben.

1803 änderten sich die politischen Verhältnisse. Das Fürstbistum Münster wurde aufgelöst und das Land unter weltlichen Herrschaften aufgeteilt. Für den Müller Knollmann als Erbpächter war jetzt die königlich-preußische Domänenkammer in Münster zuständig. Auf Antrag erhielt er von dort im Jahre 1804 die Genehmigung zur Erweiterung seiner bestehenden Mühlenanlage um eine Perl-Graupenmühle.

Wegen des verlorenen Krieges gegen Frankreich mußte Preußen im Frieden von Tilsit 1807 alle Länder westlich der Elbe abtreten. Für den Müller Knollmann war jetzt die französische Administration in Münster der Ansprechpartner für den Bau einer zusätzlichen Walkmühle und einer Grützmühle. Seine Aktivität wurde belohnt und noch im gleichen Jahr 1807 erhielt er die erforderliche Konzession.

Ursprünglich erfolgte der Antrieb von zwei unterschlächtigen Wasserrädern. Um 1914 wurde eine 35-PS-Turbinenanlage installiert und dafür eines der hölzernen Mühlenräder abgebaut. Das Staurecht zum Betreiben eines Mühlenrades und einer Wasserturbine ist im Wasserbuch von 1931 eingetragen. Mit der Begradigung der Hörsteler Aa wurden neue Verhältnisse geschaffen. Die Wasserturbine, die nicht nur Mahlgänge antrieb, sondern auch Strom erzeugte, ist längst ausgebaut. Das verfallene Mühlenrad wurde vor einigen Jahren erneuert.

Die ausgebaute Wasserturbine von Knollmanns Mühle in Hörstel.

Knollmanns Mühle in Hörstel.

3 *Die Emsmühle in Rheine*

Wie viele andere Städte ist auch Rheine aus einem fränkischen Königshof (Reni) entstanden, der am Kreuzungspunkt alter Handelswege errichtet wurde. Da nach königlichem Gebot jeder Königshof eine Wassermühle haben sollte, darf man davon ausgehen, daß die Emsmühle in Rheine auf eine 1000jährige Geschichte zurückblicken kann.

Einen frühen urkundlichen Nachweis gibt es jedoch nicht. 1327 wurde Rheine zur Stadt erhoben und befestigt. Die Emsmühle jedoch, als gut funktionierende Einnahmequelle, blieb Eigentum des Fürstbischofs von Münster.

Das Wehr durch die Ems war zuerst ein Balkenwehr. Fürstbischof Franz zu Waldeck (1532–1553) ließ 1550 ein massives, 3,00 m hohes und 3,35 m breites, steinernes Stauwehr schräg durch den Fluß bauen, das heute noch erhalten ist. Um die Ems schiffbar zu erhalten, wurde eine Schleuse angelegt.

Fürstbischof Clemens August (1719–1761) war sehr auf Wirtschaftsförderung bedacht und ließ im ganzen Land die Wassermühlen, soweit sie zur Hofkammer gehörten, prüfen und renovieren. Der leichte Fachwerkbau in Rheine wurde durch einen massiven Bau ersetzt, den J. C. Schlaun im Jahre 1754 vollendete.

Nach dem für damalige Zeit großzügigen Ausbau der Kornmühle mit Öl- und Walkmühle sowie der auf der gegenüberliegenden Seite des Wehrs liegenden Perl- und Grützemühle war die Mühlenanlage eine sprudelnde Geldquelle. In den Chroniken wird noch eine auf dem rechten Emsufer liegende Kupfermühle erwähnt.

Es wird der bischöflichen Hofkammer nicht schwergefallen sein, renommierte Pächter zu finden. Im Vertrag von 1776, Unterzeichner ist Fürstbischof Maximilian Friedrich, heißt es „Wir thun kund, daß Wir die zu unserer Hofkammer gehörige, in der Stadt Rheine gelegene in drey Gängen bestehende Kornwassermühle mit Ausschluß der Öl- und Walkmühle, sodann den Mayfischfang zu Rheine an Bürgermeister Franz Wellingmeyer verpachtet haben . . . “ (es folgen die Bedingungen).

1893 wurden die drei Mahlgänge der Kornmühle vollkommen überholt, die drei Wasserräder durch eine Turbine ersetzt und die Anlage an die Firma Ossege verpachtet.

Emsmühle in Rheine. Wehr mit Einlauf zur Turbine.

Diese stellte die Betriebsanlage von Lohn- auf Handelsmüllerei um und baute 1911 eine leistungsfähige Turbine von 150 PS und 10 Doppelwalzenstühle ein. Damit gehörte die Emsmühle zu den leistungsfähigen Mittelmühlen.

Im Kriegsjahr 1943 brannte das Mühlengebäude bis auf die Grundmauern völlig aus.

Im Zuge des Wiederaufbaus wurden auch die Obergeschosse errichtet, die bei der jetzt durchgeführten Renovierung wieder abgerissen worden sind.

Die Eigentümerin Prinzessin von Looz-Corswarem, und die Pächterin, Firma Gebr. Osseg, legten den Betrieb 1965 still. Das Mühlengebäude wurde verkauft und zu einem Bürohaus umgewandelt. Mit großer Sorgfalt hat der bauführende Architekt, Dipl. Ing. Terhechte den ehemaligen, maßlich schönen Bau des Baumeisters J. C. Schlaun wiedererstehen lassen und der heutigen Zeit angepaßt.

Seit 1985 ist die Turbinenanlage wieder in Ordnung gebracht und erzeugt elektrischen Strom für die Stadtwerke Rheine.

4 *Die Dorfmühle in Brochterbeck*

Der vom Mühlenbach gespeiste Mühlenteich und das vor zehn Jahren erneuerte oberschlächtige Mühlenrad an der ehemaligen Kornmühle sind für Brochterbeck eine Attraktion geworden. Das Mühlengebäude wird heute als Wohnung genutzt.

Die Dorfmühle in Brochterbeck.

Nach der Dorfchronik gibt es älteste Nachrichten über eine Kornmühle und den Müller Johann Wöstmeyer aus dem Jahre 1677. Nachfolger des Müllers wurde 1691 Hermann Ostermann. 1750 ist Henrich Kiehl als Erbpächter bezeugt. Er baute 1781 zusätzlich zur Kornmühle eine Bokemühle zum Flachsbrechen. Durch Einheirat kam die Mühlenanlage für vier Generationen in den Besitz der Familie Vornbäumen.

1895 erhielt die Mühlenanlage neben den Antrieb vom Mühlenrad einen zusätzlichen Antrieb von einer Dampfmaschine und wurde um ein Sägewerk erweitert.

1936 wurde die Mühlenanlage an Antonius Köster verkauft, von da an mit Netzstrom betrieben und 1953 stillgelegt. Das Sägewerk lief noch bis 1960, wurde dann auch stillgelegt und abgebrochen.

Die Sägemühle Haus Marck.

5 *Die Sägemühle Haus Marck in Tecklenburg*

Im Außenbezirk des Erholungsortes Tecklenburg liegt am Wechter Mühlenbach eine Sägemühle, die renoviert wird. Das neue Mühlenrad ist schon angebracht. Dieses Kulturdenkmal wurde 1806 erbaut und gehört zu Haus Marck des Freiherrn von Diepenbrock-Grüter.

Die Sägemühle wurde von einem Mühlenrad angetrieben, zu dem zusätzlich ab 1932 eine Dampfmaschine kam. 1955 ist die alte Anlage stillgesetzt und umgestellt worden auf Netzstrom, mit dem bis Ende der 60er Jahre gearbeitet wurde.

6 *Die Bergmühle in Ochtrup*

Diese 1848 als massive Wallholländer gebaute Windmühle hat noch intakte Windmühlenflügel und ist innen und außen ein Schmuckstück, von dem jeder Mühlenfreund begeistert sein kann.

Bis 1937 hat der Betrieb mit Windkraft auf zwei Mahlgängen und einem Graupengang Lohnmahlungen durchgeführt. Danach war Netzstrom die Antriebsenergie. Noch vor dem Kriege wurde ein Mahlgang ausgebaut, um Platz für einen Aufzug zu schaffen. Die im Krieg verursachten Schäden sind beseitigt. Bis 1955 hat die Windmühle gearbeitet.

Eigentümer der Anlage ist heute der Sohn des ehemaligen Müllermeisters Nobbenhuis. Er wohnt in einem der Mühle benachbarten Wohnhaus und führt dort mit seiner Frau und seiner Mutter neben seiner Arbeit als Handwerker ein Gasthaus.

Von 1971–1974 wurde die Mühle renoviert. Für Herrn Nobbenhuis ist die Windmühle seines Vaters ein Hobby, an dem er hängt und für das er Zeit und Geld opfert.

Die Bergmühle in Ochtrup (Wallholländer).

Oberstein, in der Steinzange hängend.

7 *Die Felsenmühle in Ochtrup*

Diese ebenfalls als massive Wallholländer gebaute Windmühle hat auch noch Windmühlenflügel, ist aber 1953 nach Stillegung zu einem Gasthaus umgebaut worden. Nach Angaben des Eigentümers, Bauer Ermke, wurde die Mühle 1859 erbaut und hatte drei Mahlgänge, auf denen Lohnmahlungen durchgeführt wurden.

8 *Die Wassermühle Haus Welbergen*

Das Haus Welbergen ist eine ehemalige, mittelalterliche Wasserburg, deren Gräfte durch den Gauxbach gespeist werden.

Erstmals erwähnt wird diese Ritterburg in Urkunden aus dem Jahre 1282. Unter den Herren von Welbergen und ihren Nachfolgern hat das Haus Welbergen eine bewegte Geschichte erlebt. Im Jahre 1730 begann der Umbau der nicht sehr wohnlichen Wehrburg zu einem repräsentativen Herrenhaus. Die Witwe des letzten Eigentümers, Frau Bertha Jordan van Heek, übergab im Jahre 1929 dieses münsterische Baudenkmal einer Stiftung, die sich um den Austausch von Kunst- und Heimatgeschichte zwischen Deutschland und den Niederlanden bemüht und ihren Namen trägt.

Die zu Haus Welbergen gehörende Wassermühle ist vermutlich, wie es damals üblich war, gemeinsam mit der Burg erbaut worden. Als Mühlwasser

Wassermühle Haus Welbergen.

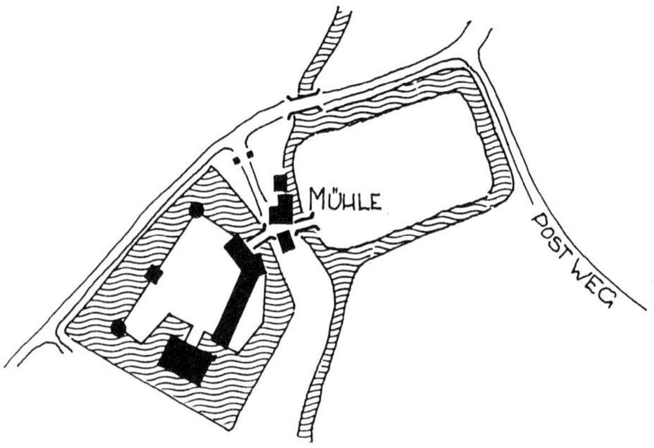

Lageplan von Haus Welbergen mit Wassermühle.

wurde das in den Gräften gestaute Wasser des Gauxbaches genutzt. Die Mühle lag außerhalb der eigentlichen Wehrburg in Nähe der Zugbrücke.

Nach Urkunden im Hausarchiv erhoben im Jahre 1550 die Äbtissinnen von Metelen und von Langenhorst Einspruch beim fürstbischöflichen Landesherrn, weil sie Schmälerungen ihrer Mühlengerechtsame durch die Mühle Welbergen befürchteten.

Wie ein Inschriftstein bezeugt, wurde die Mühle in den Jahren 1625–1632 renoviert. Nach einer anderen Urkunde gestattete der Landesherr, neben der vorhandenen Ölmühle zusätzlich eine Papiermühle einzurichten. Im vorigen Jahrhundert, als Öl- und Papiermühlen überflüssig wurden, baute der Mühleneigentümer die Anlage wieder auf eine Kornmühle zurück, die danach bis 1910 gearbeitet hat.

Seit dieser Zeit liegt die Wassermühle still, ist aber als Denkmal erhalten und hat auch ein neues Mühlenrad bekommen. Außenbesichtigung von Haus Welbergen und der Wassermühle ist möglich.

9 *Die Wassermühle Plagemann in Metelen*

Diese an der Vechte gelegene Kornmühle gehörte einige Jahrhunderte zum Stift Metelen. Durch die Säkularisation kam sie 1803 in das Eigentum des Fürsten von Salm-Horstmar. Da die Mühle eine gut funktionierende Einnahmequelle war, ließ die fürstliche Rentei 1830 die Mühlenanlage gründlich überholen und zusätzlich eine Sichteranlage (Büdelwerk) einbauen. Das reparaturbedürftige Fachwerkgebäude wurde massiv in Ziegelsteinen aufgeführt. Dabei ging leider die mittelalterliche Ästhetik des Mühlenbaus verloren.

Die Mühle hatte zwei Mahlgänge, einen zum Schroten und einen für Feinmehl. Das hölzerne Mühlenrad ließ der Fürst 1902 gegen eine Wasserturbine austauschen und konnte damit die Antriebsenergie von 12 auf 30 PS steigern. Die nicht ausgenutzte Energie wurde für eine Lohndrescherei eingesetzt; an deren Stelle kam 1921 ein Sägewerk.

1935 wurde zur Leistungserhöhung ein Walzenstuhl mit Plansichter und Elevator eingebaut. Ende der fünfziger Jahre war die Zeit der kleinen Naturkraftmühlen vorbei und einige Jahre später verkaufte der Fürst die Gesamtanlage einschließlich des dazugehörenden Grundbesitzes an den langjährigen Pächter Plagemann, von dem die Mühle ihren Namen hat. Müller Plagemann legte die Kornmühle still, das Sägewerk betrieb er jedoch noch bis 1986.

Unter Führung des Heimatvereins setzte sich eine Gruppe Meteler Bürger für die Erhaltung der Mühle als Museumsstück ein. Die Gemeinde Metelen kaufte der Familie Plagemann das Mühlengrundstück mit allen aufstehenden Anlagen ab. Es war ein großer Einsatz von freiwilligen Arbeitsstunden erforderlich, ehe die Kornmühle im Mai 1984 nach geglückter Restaurierung als Museum der Öffentlichkeit vorgestellt werden konnte. Unter dem Motto „Vom Korn zum Brot“ wird eine Ausstellung von handwerklichem Arbeitsgerät gezeigt.

Walzenstuhl in Plagemanns Mühle, ehemals Stiftsmühle Metelen, jetzt Heimatmuseum.

Nach einer kaiserlichen Urkunde wurde das Kloster Stift Metelen im Jahre 889 gegründet. Nach dem seit Karl dem Großen geltenden kaiserlichen Gebot mußten nicht nur an königlichen Gütern, sondern auch an Klöstern und Stiften Wassermühlen zum Kornmahlen angelegt werden. Am Platz des heutigen Mühlenmuseums stand bereits vor rund 1000 Jahren die Meteler Stiftsmühle. Der Klosteranlage folgte bald eine dichtere Besiedlung und die Stiftsmühle wurde die Bann- und Zwangsmühle für Metelen und auch für die Bauernschaften Naendorf und Samberg.

Gegenüber der Kornmühle auf der anderen Seite des Wehrs lag früher die Ölmühle, zu der 1618 noch eine Walkmühle kam. Durch Brandschaden ging dieser Teil der Gesamtanlage verloren und wurde nicht wieder aufgebaut.

Auch die Kornmühle wurde oft durch Brand zerstört. So berichtet die Chronik von einem großen Brand im Jahre 1580 in der Zeit des Spanisch-Niederländischen Krieges. Erheblich waren auch die Schäden durch die Zerstörungswut der Landsknechte im Dreißigjährigen Krieg. Die Erneuerungsarbeiten für das Wehr und die Mühle mit ihren Grundmauern zog sich bis 1677 hin.

10 *Die Schloßmühle in Burgsteinfurt*

Wo heute die Straße von Burgsteinfurt nach Münster über die Steinfurter Aa führt, trennt sie (seit 1845) die Schloßmühle von dem aus Vor- und Hauptburg bestehenden Komplex der Schloßanlage Steinfurt. Der Ursprung der Anlage ist in einer sächsischen Ringwallburg zu suchen, die an dieser Stelle eine Furt durch die Aa-Niederung zu schützen hatte.

Nach der Eroberung des Münsterlandes durch Karl den Großen im Jahre 779 entstand aus diesem Sitz eines sächsischen Edelings ein fränkischer Haupthof. Die Erstanlage der Wassermühle könnte bereits aus dieser Zeit stammen, war doch an fränkischen Oberhöfen durch ein königliches Gebot der Bau einer Wassermühle vorgeschrieben.

Im Heberegister des Klosters Werden von 890 ist die Siedlung Burgsteinfurt als „villa selium" aufgeführt. Erste urkundliche Erwähnung der Edlen zu Steinfurt erfolgte 1060. Rudolf zu Steinfurt wurde als Begleiter seines Oheims Rainald von Dassel (Erzbischof von Köln und Berater Kaiser Barbarossas 1159–1167) auf den Kreuzzügen bekannt.

Schloßmühle (Obermühle) in Burgsteinfurt.

Die Schloßmühle ist zum ersten Mal im Jahre 1165 erwähnt worden, als nach der Zerstörung der Steinfurter Burg durch die verfeindeten Ascheberger die gesamte Anlage einschließlich Mühle wieder aufgebaut wurde. Zusätzlich wurde noch die Niedermühle gebaut. Als erster nachweisbarer Müller wird 1347 „Gherd de Molner, mit sien wief und ere Kindere" aufgeführt.

Die mittelalterliche Obermühle hatte drei Mahlgänge und zu den beiden Mahlgängen und dem Schrotgang je ein Mühlenrad. 1921/23 wurde ein Umbau der Wassermühle durchgeführt und der bisher massive, einstöckige Bau um ein Obergeschoß in Fachwerkbau aufgestockt. Die drei Wasserräder tauschte man durch ein leistungsfähiges, 1,60 m breites Wasserrad aus. Zusätzlich wurde eine Stromerzeugungsanlage für die Beleuchtung der Schloßanlage installiert.

Letzter Müller der Schloßmühle war ab 1948 Müllermeister Minge, der seine Mühlenanlage in Lauenburg/Niederschlesien verloren hatte. Um konkurrenzfähig zu bleiben, erfolgte die Aufstellung eines Doppelwalzenstuhles für die beiden Mahlgänge. Der Schrotgang für Back- und Futterschrot blieb. Im übrigen wurde die Mühle modernisiert, erhielt Reinigungs-, Sicht- und Mischanlagen und eine pneumatische Förderung.

1974 mußte die Mühle aus wirtschaftlichen Gründen aufgegeben werden, und der Eigentümer, Fürst Christian zu Bentheim und Steinfurt, verpachtete das Gebäude zur Umwandlung in ein Restaurant.

11 *Die Hollicher Windmühle*

Bis zur Mitte des vorigen Jahrhunderts gab es im Bereich von Stadt und Amt Burgsteinfurt keine Privatmühlen, sondern nur die Wassermühlen Ober-, Nieder- und Ölmühle des Fürsten zu Bentheim und Steinfurt sowie die Windmühle auf dem heutigen Windmühlenesch, die ebenfalls fürstlicher Besitz war.

1856 brannte die Windmühle des Fürsten ab und wurde nicht wieder aufgebaut. Daraufhin beantragten der Müllermeister Elshorst und ein kapitalkräftiger Ökonom die Konzession für eine Windmühle. Im Osnabrücker Land konnten sie eine fast hundert Jahre alte, aber gut erhaltene Achtkanter-Kappenwindmühle auf Abbruch kaufen und ließen sie in der Bauernschaft Hollich wieder aufbauen. 1859 ging die hölzerne Kappenwindmühle mit zwei Mahlgängen in Betrieb.

Das Baugrundstück gehörte dem Ökonom Overesch, der 1893 auch die Mühlenanlage übernahm. Im gleichen Jahr ließ er eine Dampflokomobile mit 8 PS Leistung zum zusätzlichen Antrieb der Mahlgänge aufstellen. 1929 kaufte Müllermeister Runte die Mühle und stellte den Betrieb von Windkraft auf Antrieb mit Gasmotor und danach auf Dieselmotor um. Als Anschlußmöglichkeit an das Stromversorgungsnetz gegeben war, baute Runte Elektromotoren zum Mühlenantrieb ein.

Die Hollicher Windmühle.

1966 gab Runte die Backmehlmüllerei auf und betrieb nur noch die Herstellung von Futterschrot. 1971 stellte Runte auch diese Arbeit ein.

Durch den Stillstand beschleunigte sich der Verfall des hölzernen Achtkanters und seiner hölzernen Inneneinrichtung. Anfang der achtziger Jahre war der desolate Zustand der Mühle so hoffnungslos, daß ein Abbruch in Erwägung gezogen wurde.

Zur Rettung dieses unersetzlichen Baudenkmals bildete sich unter Vorsitz von Dr. Hofschulte ein Förderverein, der alle nur denkbaren Möglichkeiten an Mitarbeit, an Sachspenden und Finanzierungshilfen bei Privatleuten, bei Wirtschaft und Behörden erschloß und nutzte.

Am 24. September 1988 wurde die restaurierte und wieder betriebsbereite Hollicher Mühle in einer Feierstunde der Öffentlichkeit als ein besichtigungswertes technisches Baudenkmal vorgestellt.

Besichtigungszeiten jeden Samstag von 14 bis 17 Uhr. Für Schulklassen und Gruppen sind auch Besichtigungen an anderen Tagen nach Vereinbarung mit dem Verkehrsverein in Burgsteinfurt möglich.

12 *Die Wassermühle Höping in Mesum*

Die Wassermühle am Frischhofsbach nordwestlich von Mesum gehört zu dem über 500 Morgen großen Schultenhof Höping (früher Schulte Elperding, jetzt Schulte Peitzmann).

Bis zur Aufhebung der Lehnsabhängigkeit unterstand der Hof der bischöflichen Hofkammer in Münster.

Im Rahmen der Steinschen Reform und der Erleichterung in der Ablöseverordnung von 1850 erwarb der Schulte den bisherigen Pachthof zum Eigentum.

Höpings Mühle in Mesum. Ölmühle mit Mühlenrad.

Nach einer Flurkarte von 1688 handelt es sich bei Höpings Mühle um eine der typisch münsterländischen Doppelanlagen mit einer Kornmühle auf der einen Seite und einer Ölmühle auf der anderen Seite des Wehres. Bemerkenswert ist außerdem, daß die Kornmühle bis 1851 zusätzlich zum Wasserrad mit Windmühlenflügeln ausgerüstet war. Nach einer anderen Zeichnung war 1879 der Windmühlenstumpf über der Kornmühle abgebrochen.

Das Mühlengetriebe.

Solche kombinierten Wind- und Wassermühlen waren früher im Münsterland häufiger, verschwanden aber noch im Laufe des 19. Jahrhunderts.

Die Kornmühle wurde Ende des vorigen Jahrhunderts von Grund auf erneuert und erhielt ihre heutige Form mit drei Gängen, davon ein Mahlgang mit nachgeschaltetem Sichter und zwei Schrotgängen. Um die Jahrhundertwende wurden die beiden Wasserräder der Kornmühle abgebaut und durch eine liegende 25-PS-Turbine ersetzt. Es kam noch

Welle und Kronrad des Kollergangs.

Kollergang mit dem hölzernen Getriebe.

Wassermühle Abeler in Emsdetten.

ein Sägewerk dazu, das später seine Energie vom Netzstromanschluß erhielt. Noch bis 1952 wurde mit Wasserkraft gemahlen und geschrotet.

Die Ölmühle hat heute wieder ein Wasserrad, das 1981 Mühlenbaumeister Kleinehollenhorst aus Wadersloh anfertigte. Mit wenigen Mitteln könnte die Ölmühle betriebsbereit zum Anschauungsobjekt renoviert werden, denn die gewaltige Holzwelle sowie die hölzernen Räder des Getriebes und der Kollergang mit 1,50 m hohen Rollen sind vollständig erhalten. Auch der große Holzstamm mit dem Stempel zum Ölschlagen ist noch vorhanden.

Diese Mühle ist im Münsterland insofern etwas Besonderes, als sie nicht nur im Krieg, sondern auch in der Nachkriegszeit in Tag- und Nachtarbeit Öl aus Raps und Leinsamen, aber auch aus den gesammelten Bucheckern, die von der Bevölkerung zur Mühle gebracht wurden, Öl geschlagen hat. Ein Zentner Sommerraps wurde gegen 12 Liter Rapsöl, ein Zentner Winterraps gegen 14 Liter Rapsöl, ein Zentner Leinsamen gegen 14 Liter Leinöl getauscht.

13 *Die Wassermühle Abeler in Emsdetten*

Bei unserem ersten Erkundungsbesuch in Emsdetten trafen wir den jetzigen Eigentümer und Betreiber, Müllermeister Brömmelhaus, in der Mühle an. Der Schrotgang ist noch für Bio-Vollkornschrot betriebsbereit, ebenso eine elektrische Hammermühle, ansonsten ist der Betrieb auf Landhandel umgestellt.

Das Alter der Mühlenanlage konnte uns Herr Brömmelhaus nicht sagen, das jetzige Mühlengebäude soll etwa vor 300 Jahren errichtet sein. Früher gehörte die Mühlenanlage zu Deitmars Hof, der Eigentum des Bischofs von Münster war. Die Mühle soll bischöfliche Amtsmühle gewesen sein. Nach der Säkularisation wurde der Besitz preußisch. Im Zuge der Stein-Hardenbergschen Reform zahlte Schulze Deitmar als bisheriger Erbpächter der Hofanlage mit der Wassermühle den von der preußischen Domänenverwaltung in Münster festgelegten Ablösebetrag.

Ein Foto aus dem Jahre 1910 zeigt, daß Deitmars Mühle eine der typischen münsterländischen Doppelanlagen war. (Das angebaute Gebäude im Stil des neunzehnten Jahrhunderts war eine Dampfmaschinenmühle.) Bis 1935 erhielten die Mahlgänge mit den Mühlsteinen ihren Antrieb von einem Wasserrad. Dann wurde die historische Mühle auf Antrieb durch Wasserturbine umgestellt. Seit Jahren ist die Wasserführung vom Mühlenbach durch die neue Straßenführung und durch die Platzgestaltung unterbrochen. Für den Antrieb steht jetzt Netzstrom bereit.

14 *Die Windmühle in Sinningen*

Die Sinninger Mühle ist ein Achtkantholländer, dessen hölzerne Turmkonstruktion zur Zeit mit einer Abdeckung aus Eternitplatten versehen ist. Das Baujahr der Mühle ist 1866. Bis 1928 hat die Mühle mit Windkraft gearbeitet. Danach wurde der

Windmühle Eilers in Sinningen.

Betrieb an das Stromversorgungsnetz angeschlossen. Bis 1953 sind auf den beiden Mahlgängen zum Schroten und für die Herstellung von Feinmehl Lohnaufträge durchgeführt worden.

Die Windmühlenflügel sind zwar noch erhalten, wurden jedoch vor einigen Jahren durch einen Blitzeinschlag lädiert.

Angelegt war die Sinninger Mühle als Wall-Holländer. Der Erdhügel wurde aber abgetragen, da er Ratten und Kaninchen zuviel Schutz für ihre Höhlen bot.

Wie uns der Eigentümer des bäuerlichen Anwesens und ehemalige Müllermeister erzählt, soll die unter Denkmalschutz stehende Sinninger Windmühle abgebrochen und vom Hofgelände an die Straße Emsdetten–Saerbeck umgesetzt werden.

15 *Die Neue Mühle bei Ladbergen*

Wir trafen an der Mühle den Eigentümer und Müller Franz Löckermann. Die Mühlenanlage ist alt, das Baujahr jedoch nicht bekannt.

Ursprünglich bestand die Anlage aus einer Kornmühle, einer Ölmühle und einer Knochenmühle. 1905 brannte die Ölmühle ab und wenig später auch die Knochenmühle.

Die Kornmühle wurde 1920 auf den alten Fundamenten neu aufgebaut und statt mit einem Mühlrad mit einer 40-PS-Francisturbine betrieben. Die Lohnmahlungen wurden Anfang der 60er Jahre eingestellt.

Jetzt stellt Müller Löckemann nur noch auf elektrisch betriebener Hammermühle Mischfutter her und betreibt einen Landhandel.

Neue Mühle bei Ladbergen.

16 *Die Lütke Mühle in Ladbergen*

Diese typisch münsterländische Doppelanlage gehörte ursprünglich als „Kleine" Mühle zum Gut Erpenbeck des Grafen von Tecklenburg, kam dann aber im Jahre 1707 mit der gesamten Grafschaft Tecklenburg in preußischen Besitz.

Die Mühle wurde verkauft und hatte verschiedene Eigentümer.

Als die Familie Erpenbeck als Erbpächter im Jahre 1879 das Gut durch Zahlung der verlangten Ablösesumme im Zuge der Stein-Hardenbergschen Reform zu Eigentum erwarb, kaufte sie im selben Jahr auch die Lütke Mühle im Dorf zurück.

Der Gutsbesitzer Erpenbeck ließ die größere Anlage mit der Kornmühle und der Bokemühle niederreißen und durch einen Neubau mit drei Mahlgängen ersetzen. Statt der bisherigen zwei Mühlenräder wurde eine Wasserturbine eingebaut.

Die frühere Ölmühle war ab Mitte des vorigen Jahrhunderts ebenfalls mit einem Kornmahlgang ausgestattet worden.

Im Jahre 1960 erwarb die Brauerei Rolinck die Mühlenanlage und errichtete in dem größeren Mühlengebäude ein freundliches Gasthaus und in dem gegenüberliegenden Gebäude ein Keramik- und Andenkenlädchen ein.

Das Mühlrad erinnert noch an die alte Mühlenherrlichkeit.

Lütke Mühle in Ladbergen (heute Rolincks Mühle).

17 *Das Gut Erpenbeck bei Ladbergen und seine Mühlen*

Nach Auskunft der Familie Erpenbeck wird das Gut erstmals im Jahre 1230 urkundlich erwähnt. Abgabepflichtig war das Gut dem Grafen von Tecklenburg. Die Familie Erpenbeck war Erbpächter und kaufte 1879 das Gut im Rahmen der Stein-Hardenbergschen Reform. Sie ließ die Mühle am Gutshof und auch die wieder zum Hof gehörende Mühle im Dorf gründlich überholen.

Die Mühlenanlage am Gutshof bestand aus einer Kornmühle und Nebenbetrieben. Die Kornmühle ist noch heute mit einem Weizengang und einem Schrotgang betriebsbereit, liegt aber seit 1970 still. 1923 wurde die Mühlenanlage auf Antrieb durch eine leistungsfähige Turbine umgestellt, die auch Lichtstrom lieferte.

Die Ölmühle war noch bis 1962 in Betrieb. Inzwischen ist die Anlage abgebaut und wartet im Freilichtmuseum Hagen auf den Wiederaufbau als Museumsstück.

Die Bokemühle und die Zichorienmühle sind bereits vor dem Ersten Weltkrieg abgebrochen worden.

Die Sägemühle wurde um die Jahrhundertwende errichtet und zuerst von der Kraft einer Dampfmaschine angetrieben. Nach der Stillsetzung der Zichorien- und der Bokemühle nutzte man die freien Kraftreserven der Turbine für das Sägewerk.

18 *Jannings Mühle in Leer*

Versteckt unter Bäumen liegt an Jannings Mühlenbach in Leer nicht weit von der Quelle eine alte, verfallene Wassermühle. Sie gehört zum Schultenhof Janning, heute Schulte Hilbert. Das Alter ist nicht genau bekannt, jedoch erzählt die Heimatgeschichte (K. Mengels) von etwa 500 Jahren Verbundenheit der Wassermühle mit dem Schultenhof. 1844 wurde die Mühle restauriert. Das eingeschossige, aus Bruchsteinen aufgeführte Mühlengebäude ist maßlich sehr schön und soll wegen seines unverbaut erhaltenen Originalzustandes als technisches Baudenkmal geschützt und erhalten werden. Die technischen Einrichtungen und das ehemalige oberschlächtige hölzerne Mühlenrad sind nicht mehr vorhanden.

Trotz des Verfalls ist die Janningmühle ein Bild alter Mühlenherrlichkeit. Im Grase vor der Mühle liegt noch der Wellenbaum - die alte Mühlradachse - aus einem kantig geschlagenen dicken Eichenstamm, und Laubbüsche sprießen aus dem Mauerwerk.

Jannings Mühle in Leer.

Etwas weiter unterhalb gab es am Jannings Bach (heute Leerbach) eine weitere Wassermühle. Auch diese Anlage ist stillgesetzt und seitdem verfallen. Wir trafen vor dem bewohnten Müllerhaus den Eigentümer und Müllermeister Schmedding. Der alte Herr hat in der Janningsmühle als Müller gelernt und erzählte, daß noch bis 1939 die Janningmühle mit Schrotgang und einem Mahlgang für Brotmehl Lohnmahlungen für die umliegenden Bauernhöfe durchgeführt hat. Er hofft ebenfalls, daß die alte Mühle nicht restlos verkommt und bald als Baudenkmal restauriert und in Pflege genommen wird.

19 *Die Wellingsche Kappenwindmühle in Laer*

Die massive Kappenwindmühle in Laer ist Anno 1873 an Stelle einer verfallenen Bockwindmühle errichtet worden und hat bis 1925 auf zwei Mahlgängen das von den Mahlgästen gebrachte Korn geschrotet und gemahlen.

Die Windmühle gehörte zum ehemaligen Hof Welling, auf dem von alters her auch eine Wassermühle stand.

Gut Erpenbeck bei Ladbergen. Kornmühle und Mühlenrad (Familienfoto 1923).

Der Wellingsche Hof mit der Wassermühle (Korn- und Ölmühle) hat eine lange Geschichte. Erstmals wird er im Jahre 1248 urkundlich als Teil der Grundherrschaft der Herren von Ahaus erwähnt. Anno 1278 verkaufte der Edle Bernhard von Ahaus den Wellinghof mit der Mühle an die Johanniter-Commende zu Burgsteinfurt. In der Reformationszeit änderten sich die Besitzverhältnisse, und der Wellingsche Hof wurde Eigentum der Grafen von Burgsteinfurt. Nach 1815 wurden die Besitzverhältnisse zwischen den Grundherrschaften und den Bauern neu geregelt (Stein-Hardenbergsche Reform). Durch Ablösung der Reallasten kam im vorigen Jahrhundert der Hof in das Eigentum der Bauernfamilie Welling.

Wie schon erwähnt, ist 1873 die massive Kappenwindmühle errichtet und zusätzlich auch die Wassermühle in Betrieb gehalten worden. Doch als in den 20er Jahren die Mühlenherrlichkeit zu Ende ging, verfielen beide Mühlen.

1983 kaufte die Verwaltung den aufgelösten Hof Welling und machte den ehemaligen Mühlenteich zu einer freundlichen Anlage vor dem im bäuerlichen Baustil errichteten Rathaus.

An die verfallene Wassermühle erinnern nur noch die Fundamente am abfließenden Mühlenbach. Baureste wurden 1980 abgerissen.

Die seit 1925 stillgesetzte Windmühle, deren technische Einrichtung ebenfalls unbrauchbar geworden war, gab die Gemeindeverwaltung an Herrn Bernhard Potthoff zur Nutzung als Wohnung ab. Die Mühle wurde entsprechend umgebaut und äußerlich mit einer neuen schiefergedeckten Kappe renoviert. Ab September 1986 erhielt die Wellingsche Windmühle auch neue Flügel, die von der Windmühle in Hansell stammen.

Heute ist die Windmühle eine reizvolle Bereicherung in der vom ehemaligen Mühlenteich gebildeten Anlage vor dem Gemeinde-Rathaus.

20 *Niemanns Kappenwindmühle in Altenberge-Hansell*

Als Ende des vorigen Jahrhunderts die Eisenbahnstrecke Münster–Burgsteinfurt gebaut wurde, störte die hölzerne Achteck-Kappenwindmühle und mußte umgesetzt werden. In Hansell wurde sie auf einen massiv gemauerten Unterbau wieder aufgebaut und 1880 vom Müller Tombrink in Betrieb genommen. Ursprünglich war die Mühle ein Wallholländer – die Mühlenflügel wurden also von einem Wall aus bespannt. Am neuen Platz erhielt die Mühle zum Bedienen der Flügel eine Galerie.

Die Windmühle in Laer.

Niemanns Windmühle in Altenberge-Hansell.

Wind war bis 1941 der Hauptantrieb, aber der Müller schuf ab 1891 mit einer Lokomobile und später mit einem Sauggasmotor einen vom Wetter unabhängigen Antrieb.

1950 wurde auf Elektroantrieb und auf das öffentliche Stromnetz umgestellt.

Letzter Müller war Alfons Niemann, der den Betrieb vom Vater übernommen hatte. Nachdem der Mühlenverband in den 50er Jahren den Klein- und Mittelmühlen Stillsetzungsprämien anbot, legte auch Müller Niemann den Betrieb still und ging in den Ruhestand. Nach einer in der Müllerwohnung hängenden Urkunde feierte der inzwischen verstorbene Alfons Niemann am 25. September 1985 das Jubiläum „50 Jahre Müllermeister".

Die nach der Stillsetzung verfallene Mühle ist inzwischen renoviert und hat seit Sommer 1987 wieder Windmühlenflügel.

21 *Die Hobbingsmühle bei Greven*

Beim Besuch auf dem Hof trafen wir den Altbauern Schulte Pellengahr, der bereitwillig die Geschichte des Hofes und der Mühle erzählte.

Das Alter der Mühle ist dem Senior des Hofes nicht bekannt. Sie war bereits vorhanden, als der Hof 1535 umgesiedelt wurde. Bis zur Säkularisation im Jahre 1803 war die Anlage ein bischöflicher Amtshof, der dann in das Eigentum des Fürsten Rheina-Wolbeck überging. 1840 hat die Familie Schulze Pellengahr das Anwesen mit allen Grundstücken und Anlagen im Rahmen der Stein-Hardenbergschen Reform übernommen.

Die Mühlenanlage bestand aus einer Ölmühle und einer Kornmühle. Die Ölmühle wurde bereits 1880 stillgelegt und später abgebrochen. Die Kornmühle hat noch mit Wasserkraft bis 1960 gearbeitet. Jetzt wird für den eigenen Betrieb das Futterschrot auf der Hammermühle hergestellt. Sie ist an das elektrische Stromnetz angeschlossen.

22 *Topphoffs Wassermühle bei Greven*

Die Wassermühle (S. 76) liegt am Gellenbach und gehört zu der ehemaligen Gräftenanlage Schulte Topphoff. Wie uns bei unserem Besuch der heutige Eigentümer Schulte Topphoff-Schleithoff erzählte, gehörte der Schultenhof mit anderen Gehöften der Bauernschaft zum Kirchenvermögen des Bischofs von Münster und wird 1175 als zehntpflichtig zum Liebfrauenstift in Münster erwähnt.

Als das Land nach den napoleonischen Wirren preußisch wurde und im Zuge der Stein-Hardenbergschen Reform die Umwandlung des Erbpachtverhältnisses in Eigentum möglich war, nahm Schulte Topphoff den angebotenen Bankkredit auf und löste bei der Domänenverwaltung in Münster die aufliegenden Rentenlasten ab.

Ursprünglich war die Mühlenanlage am Gellenbach mit Kornmühle und Ölmühle eine Doppelanlage mit jeweils eigenem Mühlenrad von 5,20 m Durchmesser. Zur Kornmühle gehörten ein Mahlgang mit nachgeschaltetem Sichter und ein Schrotgang. Die noch vorhandenen Mühlsteine haben einen Durchmesser von 1,40 m. 1907 kam noch ein Sägewerk mit Horizontalgatter hinzu.

Um die Jahrhundertwende war die Zeit der Ölmühle vorbei – sie wurde abgebrochen. Auf den intakten Fundamenten wurde die baufällig gewordene Kornmühle neu aufgebaut. 1857 beantragte Schulte Topphoff das Recht zur Aufstellung eines zusätzlichen Antriebes zur Kornmühle durch eine 5 PS starke Dampfmaschine. 1921 wurde ein Einzylinder-Dieselmotor zum Antrieb eines Dynamos installiert, der in mahlfreien Stunden 60 Batterien für die Wohnhaus- und Stallbeleuchtung auflud. Bis 1975 arbeitete die Mühle mit Wasserkraft.

Dann bestand die Möglichkeit des Anschlusses ans öffentliche Stromversorgungsnetz. Die Hofanlage und auch die Mühle wurden seitdem mit Netzstrom versorgt.

Bis 1980 war die Kornmühle noch in Betrieb, zuletzt allerdings nur zur Versorgung des Eigenbedarfs.

Die Topphoffs Mühle.

Kreis Borken

23 *Die Haarmühle bei Alstätte*

Die Haarmühle liegt an der Ahauser Aa kurz vor dem Grenzübergang an der Straße von Alstätte zu den Niederlanden. Sie gehört von alters her zum naheliegenden Hof, der als Harinkhof in dem Güterverzeichnis von 1188 der Herrschaft Diepenheim aufgeführt ist.

Anfang des 14. Jahrhunderts gab es zwischen den Fürstbistümern Münster und Utrecht eine Grenzbegradigung. Dadurch kam die abseits vom Harinkhof gelegene Wassermühle auf Utrechter Gebiet, und der Bischof ließ eine neue Mühle in unmittelbarer Hofnähe bauen. Da in einer Urkunde von 1350 bereits von der „neuen Mühle" am Harinkhof gesprochen wird, muß die Anlage vor dieser Zeit gebaut worden sein.

Die im Holzbalken über der Tür eingeritzte Jahreszahl 1619 bedeutet wohl das Datum des Wiederaufbaues, denn vermutlich wurde die Haarmühle 1508 von den spanischen Landsknechten genauso niedergebrannt, wie die benachbarte Oostendorper Watermolen in Haaksbergen.

Der Wappenstein in der Gebäudewand über der Mühlentür erinnert an eine Renovierung im Jahre 1721 im Auftrag des Fürstbischofs Clemens August. 1803 wurde das Hochstift Münster aufgelöst und der Harinkhof mit der Mühle wurde Eigentum des Fürsten von Salm-Salm zu Anholt. Seit 1776 war die Familie Haarmann Erbpächter des Harinkhofes mit der Mühle und so erhielt das Anwesen den neuen Namen Haarmannshof. Im Jahre 1905 verpachtete die Rentei des Fürsten von Salm-Salm Hof und Mühle an die Familie Brüggemann, die 1930 eine

Haarmühle mit Mühlenrad und Stauwehr.

Haarmühle. Eingangstür mit Wappenstein.

Die Kornmühle in Heek-Nienborg.

Außenwirtschaft eröffnete, die noch heute ein sehr beliebtes Ausflugsziel von Familien und kleinen Gesellschaftsgruppen ist.

Ursprünglich war die Haarmühle eine für das Münsterland typische Doppelanlage mit Kornmühle und Ölmühle an einem gemeinsamen Stauwehr. Die drei Mahlgänge der Kornmühle hatten jeder einen eigenen Antrieb von einem Wasserrad, ebenso wie die Schlageinrichtung der Ölmühle auf der gegenüberliegenden Seite des Stauwehrs.

Vor einigen Jahren erwarb die Stadt Ahaus vom Fürsten von Salm-Salm die stillgelegte Kornmühle einschließlich Stauwehr und Straßenbrücke. Die Ölmühle gab es bereits nicht mehr, sie war baufällig und abgerissen worden. Die Kornmühle hat wieder ein hölzernes Wasserrad und zwei Mahlgänge sind betriebsbereit. Seit 1988 kann die Haarmühle nach beendeter Renovierung von Besuchern besichtigt werden.

24 *Die Quantwicker Windmühle*

Die Quantwicker Mühle in Ahaus-Wüllen ist eine Holländer-Kappenwindmühle mit einem hölzernen Achteckaufbau auf massivem Backsteinsockel. Sie wurde um 1835 von Theodor Brockhaus und seiner Frau Katharina erbaut. Als deren Enkelin als Erbin 1886 auf den Hof Schulze Schwering heiratete, kam die Mühle zum Hof Schulze Schwering.

Zwei Mahlgänge und eine Beutelkiste zum Sichten von Feinmehl waren in der Mühle vorhanden. Um die Wirtschaftlichkeit zu erhöhen, erhielt die Mühle 1928 eine zusätzliche Energiequelle durch einen Benzol-Motor, der später durch einen Sauggas-Motor mit Treibriemen ausgetauscht wurde.

In den 20er Jahren erhielten viele Bauern im Ahauser Gebiet Stromanschluß und stellten ihr Futterschrot auf eigenen elektrischen Hammermühlen her. Der Windmühlenbetrieb lohnte sich nicht mehr.

Im letzten Krieg wurde die Quantwicker Mühle von Panzern beschossen; dabei brannte das Müllerhaus vollständig aus. Seit 1980 ist die Mühle von der Stadt Ahaus gepachtet und überholt worden. Zur Zeit wird sie als Ausstellungsraum genutzt. Für die Ahauser ist die Quantwicker Mühle ein Wahrzeichen der Stadt.

25 *Die Wassermühle in Heek-Nienborg*

Im Jahre 1198 baute Bischof Hermann II., Graf von Katzenelnbogen, bei Heek zum Schutz der Grenzen seines neu gebildeten Fürstentums Stift Münster eine Landesburg. Als sicher ist anzunehmen, daß auch eine Wassermühle dazugehörte. Darüber fehlt jedoch eine urkundliche Unterlage. Urkundlich erwähnt wird aber, daß der Landesherr im Jahre 1368 die „Neue Burg", die „Nienborg", mit Wassermühle erbaut hat.

Eine Walkmühle als Nebenanlage wird erstmals 1585 erwähnt. Sie lag auf der linken Seite des Wehres gegenüber der Kornmühle. Da es noch keinen Kunstdünger gab und die kargen Sandböden nur geringe Ernten brachten, hatten sich die Bauern auf Schafzucht verlegen müssen. Sie versponnen die Wolle selbst und webten daraus Wollstoffe. Die Wandmacher brachten die Wollgewebe zur Walkmühle. Der Walkmüller ließ sie in einem sauren oder alkalischen Wasserbad verfilzen und verdichtete sie durch Walken unter dem von der Mühle angetriebenen Schlagwerk zu Mantel-, Anzug- und Uniformstoffen.

Tuchfabriken lösten im vorigen Jahrhundert die handwerkliche Tuchherstellung ab. Die Walkmühle wurde in eine Ölmühle umgewandelt und hat noch bis 1930 für die bäuerliche Bevölkerung das Öl geschlagen; dann wurde sie abgerissen.

Die Wassermühle in der jetzigen Form ist im Auftrag des Fürstbischofs Clemens August 1751 errichtet worden, und zwar auf den Fundamenten der alten Anlage. Durch die Säkularisation fiel die Mühlenanlage 1803 an den Fürsten zu Salm-Horstmar, der sie später verkaufte.

Die Quantwicker Kappenwindmühle.

1897 wurde das hölzerne Mühlenrad gegen eine leistungsfähigere Wasserturbine ausgetauscht. Diese ist heute noch funktionsfähig.

Letzter Müller war Bernhard Nienhaus, dessen Familie heute noch Eigentümerin ist. Bis 1980 wurde in der Mühle noch Viehfutter geschrotet. Die Gemeinde Heek pachtete für die Dauer von 30 Jahren von der Familie Nienhaus die Mühlenanlage und unterstützte gemeinsam mit dem Amt für Denkmalpflege die sehr gelungene Renovierung.

Dem Heimatverein, der viel Eigenleistung erbrachte, wurde als neuem Hausherrn in einer Feierstunde 1986 die intakte Mühlenanlage übergeben; die Mitglieder treffen sich gerne in ihrer Mühle.

Besichtigungszeiten sind nicht festgelegt und mit dem Heimatverein Heek jeweils abzustimmen (Herr Bertling oder Herr Wissing).

26 *Die Düstermühle bei Legden*

An der Landstraße 570 von Ahaus nach Schöppingen liegt in der Bauerschaft Wehr an der Dinkel die Düstermühle. Im Jahre 1151 wird sie gemeinsam mit dem Schulzenhof Everding in dem Güterverzeichnis des Damenstiftes Asbeck aufgeführt. Mit Korn- und Ölmühle war sie eine der typisch

Die Düstermühle bei Legden. Ansicht vom Mühlenteich aus.

münsterländischen Doppelmühlen. Die Ölmühle ist schon vor langer Zeit abgerissen worden, auf den alten Fundamenten steht heute ein Schuppen.

Im Zuge der Säkularisation wurde das Stift Asbeck aufgelöst. Das Grundvermögen fiel 1805 an den Rhein- und Wildgrafen von Salm-Horstmar.

Auf einem Stein über der Tür der alten Mühle befindet sich eine Inschrift: „Freyin Maria Katharina von Galen vom Hause Ermelinghof Abtissin zu Asbeck hat diese Mühle von Neuem aufbauen lassen. Anno 1799 den 15ten Oktober."

An eine Renovierung im Jahre 1939 erinnert ein Wappenstein in der Giebelwand.

1926 wurden die Mühlräder durch eine Wasserturbine ersetzt, mit der über einen Dynamo auch Lichtstrom erzeugt werden konnte, der nicht nur die Mühle, sondern rund 40 benachbarte Haushalte versorgte. Heute wird die Kornmühle nicht mehr genutzt.

Eine Attraktion der Düstermühle war und ist der bekannte Pferdemarkt jeweils am letzten Montag im August. An diesem Tage haben von alters her die Bauernhäuser in der Nähe Schankrecht. Dann gibt es jährlich ein fröhliches Wiedersehen, das kräftig begossen werden muß.

27 *Die Stiftsmühle in Asbeck*

Der Bach Asbeke, der dem Dorf den Namen gab, war seit dem 12. Jahrhundert die Grenze zwischen der Grundherrschaft der Herren auf Haus Asbeck und des Augustinerinnenklosters, das später ein adeliges Damenstift wurde.

Zu beiden Grundherrschaften gehörten mehrere Wassermühlen, die mehrfach Anlaß zu Streitigkeiten zwischen Haus Asbeck und dem Stift gaben.

Die jetzige Wassermühle im Dorf gehörte zum Stift. Die Inschrift über dem Türbalken „Anno Domini 1635 Heinr. Scrotmann me fecit" nennt wohl das Jahr des Wiederaufbaues nach Zerstörung des Mühlengebäudes im Dreißigjährigen Krieg.

1805 wurde das Damenstift Asbeck im Zuge der Säkularisation aufgelöst. Das Grundvermögen ging in das Eigentum des Rhein- und Wildgrafen Salm-Horstmar über.

1850 übernahm der Müller Anton Hessling die Mühle. In der Übergabeverhandlung wird festgestellt: Die Mühle hat zwei Mahlgänge, Mühle, Triebwerk und Gänge sind in guter Ordnung und es fehlt nichts an Werkzeug und Zubehör. Seit 1911 ist die Familie Eismann Eigentümer der Stiftsmühle. Sie nutzte die Mühle zur Lohnmüllerei und zur Erzeugung von Lichtstrom. Wassermangel und Verschlechterung der wirtschaftlichen Lage für Klein-

Die Stiftsmühle in Asbeck.

mühlen bedingten schon vor etlichen Jahren die Stillsetzung.

In Zusammenarbeit des Mühleneigentümers mit der Gemeindeverwaltung konnte dieses maßlich sehr schöne Bauwerk renoviert werden und erhielt auch ein neues Mühlrad. Die technische Inneneinrichtung fehlt.

28 *Die Wassermühle Brüning bei Schöppingen*

Die Brüningmühle liegt in der Bauerschaft Haverbeck an der Vechte. Sie gehörte zu der ehemaligen Wasserburg Stockum. Anfang des 18. Jahrhunderts beauftragte der Eigentümer, Freiherr Jobst von Bevernförde zu Stockum, Voßberg und Nienborg, den Architekten Laurenz Pictorius mit dem Bau eines Herrenhauses einschließlich eines barocken Gartens.

Bei den Gründungsarbeiten ist wohl schlechte Arbeit geleistet worden, denn bald zeigten sich Senkungsschäden, und 1806 erfolgte der Abbruch der Schloßanlage. Die abseits vom Schloß liegende Mühlenanlage zählte in der mittelalterlichen Form mit Korn- und Ölmühle zu den typisch münsterländischen Doppelanlagen.

1924 wurde die gesamte Anlage aus Rentabilitätsgründen modernisiert, das Gebäude aufgestockt und die Wasserräder gegen eine leistungsfähige Turbine ausgewechselt. In dieser verbesserten Form hat die Anlage bis nach dem Zweiten Weltkrieg weitergearbeitet. Besonders im letzten Kriegsjahr und in den ersten Nachkriegsjahren, als die Versorgungslage durch Ausfall der Großmühlen sehr angespannt war, hat die Brüningmühle, wie alle Kleinmühlen, der Bevölkerung über die Hungerjahre hinweggeholfen.

Die Ölmühle wurde 1947 und 1963 die Kornmühle stillgesetzt. Die Kleinmühlen hatten ihre Schuldigkeit getan und mußten nun den wiederaufgebauten Großmühlen weichen. Statt der Ölmühle hat noch bis 1975 ein Sägewerk mit Wasserkraft gearbeitet, dann wurde die gesamte Anlage stillgelegt. Heute ist das ehemalige Kornmühlengebäude zur Wohnung umgebaut, und die Nutzungsänderung gilt zu Recht als sehr gelungen. Besucher werden gebeten, den privaten Bereich nicht zu stören.

Die Wassermühle Brüning bei Schöppingen.

29 *Die Wassermühle Schlüter bei Schöppingen*

Die kleine versponnene Kornmühle an der Vechte liegt schon lange still. In unmittelbarer Nachbarschaft steht die um 1800 erbaute Brennerei.

Die Anlagen gehören zum Hof Schlüter, einem früheren Schultenhof. Einzelheiten konnte ich beim jetzigen Eigentümer nicht erfahren. Die Gesamtanlage steht unter Denkmalschutz und wird zur Zeit restauriert.

Historische Wassermühle Schlüter vor der Restaurierung.

30 *Die Stiftsmühle in Vreden – heute Berkelkraftwerk*

Der Stau der Berkel in Vreden dient seit 1896 ausschließlich der Stromerzeugung. Eigentümer und Betreiber dieser Wasserkraftanlage sind die VEW.

Ehemals gehörte dieses Stauwehr zur Stiftsmühle Vreden, die 1241 erstmals urkundlich erwähnt wird, aber vermutlich schon das Korn des Stiftes Vreden gemahlen hat, nachdem es 839 von Graf Walbert, einem Enkel Herzog Widukinds, gegründet wurde. Das Stift kam 1100 an das Reich, 1180 an den Erzbischof von Köln und später mit dem Ort an den Bischof von Münster.

Gemäß einer Urkunde übertrug das Domkapitel in Münster im Jahre 1376 der Abtei zu Vreden die Gesamtanlage am Stauwehr in der Berkel mit Kornmühle und Ölmühle. Diese wurde im Jahr 1583 um eine Walkmühle erweitert.

Die Stiftsmühle in Vreden. Diese ehemalige Wassermühle ist heute ein Kleinwasserkraftwerk der VEW.

Wappenstein.

Im Jahr 1704 ließ die damalige Äbtissin des Stiftes Vreden die verfallene Mühle renovieren.

Durch die Säkularisation in der napoleonischen Zeit kam der Grundbesitz des aufgelösten Stiftes und damit auch die Mühlenanlage an der Berkel in das Eigentum des Fürsten von Salm-Salm. Dieser ließ 1815 noch eine Grütze- und Perlgraupenmühle anbauen.

Um die Jahrhundertwende brannte die Gesamtanlage der Stiftsmühle aus. Sie wurde nicht wieder aufgebaut. Die freigewordene Staukraft der Berkel nutzte eine Weberei in Vreden zur Erzeugung von elektrischem Strom. Die Rentei des Fürsten übernahm 1902 die Stromerzeugungsanlage und betrieb sie unter dem Namen „Fürst von Salm'sches Elektrizitätswerk“ und ließ eine 60-PS-Wasserturbine einbauen. 1912 folgte eine 120 PS starke Dampflokomobile.

Um die Versorgung der Stadt Vreden mit Strom sicherzustellen, gründeten der Fürst Alfred von Salm-Salm und seine Partner die „Vredener elektrische Zentrale GmbH“.

1945 wurden die Anlagen dieser Firma durch Kriegseinwirkung zerstört und im Zuge des Wiederaufbaus zwei Francisturbinen mit Leistung von 70 PS und 130 PS installiert. Seit 1954 betreibt die VEW das Berkelkraftwerk und erhöhte die Leistung auf jährlich 400 000 Kilowattstunden, das sind rund 0,5 Prozent des Strombedarfs der Stadt Vreden. Die VEW nutzen noch heute den Stau des Wassers der ehemaligen Stiftsmühle als Kleinkraftwerk mit zwei Turbinen. Das aufstehende ehemalige Verwaltungsgebäude der VEW wird heute unter dem Namen „Berkelkraftwerk“ für Kunstausstellungen gebraucht.

Die Berkelmühle in Stadtlohn vor der Zerstörung Anfang März 1945. Links die Ölmühle, rechts die Kornmühle.

31 *Die Berkelmühle in Stadtlohn*

Das Baujahr der Erstanlage der Berkelmühle ist urkundlich nicht nachweisbar, liegt aber vermutlich im 9. Jahrhundert. Stadtlohn ist aus einer Siedlung um den karolingischen Haupthof „Lon" entstanden. Nach der von Karl dem Großen erlassenen Landgüterverordnung „Capitulare de villis" aus dem Jahre 794 hatte jeder Haupthof, wann immer es möglich war, eine Wassermühle zu bauen.

Werner von Steußlingen, Bischof von Münster (1132–1152), ließ am bischöflichen Haupthof „Lon" um 1150 eine Landesburg bauen. Auch an bischöflichen Burgen wurden Amtsmühlen eine Selbstverständlichkeit, denn das Mühlenrecht war ein Regal des Landesherren und neben dem Zehntrecht bei dem damals herrschenden Mühlenzwang eine einträglich fließende Steuermittelquelle.

Bei Betrachtung der Berkeltalaue fällt auf, daß die Berkel vor der neuzeitlichen Begradigung schon im Mittelalter vor und hinter der Mühle ein verkürztes künstliches Bachbett bekommen hat. Diese Verkürzung hatte den Zweck, am Mühlenwehr einen Gefällegewinn zu erreichen und die Mühle näher an den Haupthof bzw. an die Burg heranzuholen.

Der Bischof von Münster hat die Berkelmühle gebaut und erzielte noch im 15. und 16. Jahrhundert gute Einkünfte aus dieser Mühlenanlage, wie aus den Aufzeichnungen des Amtsrentmeisters zu Ahaus zu ersehen ist. Im Jahre 1653 kommt die Berkelmühle zu Stadtlohn durch eine Schenkung des Bischofs von Münster an das Kloster Varlar bei Coesfeld. Im Jahre 1650 wird Christoph Bernhard von Galen Bischof von Münster. Er bemüht sich um die Schiffbarmachung der Berkel, um die Handelsbeziehungen mit den Niederlanden zu verbessern. 1672 kommt es zum Bau der Stadtlohner Berkelschleuse, die sich nördlich der Ölmühle befand.

Anfang des 18. Jahrhunderts war die Mühle in einem so schlechten baulichen Zustand, daß ein Neubau erforderlich wurde. Über der Eingangstür zur Mühle befand sich bis zur Zerstörung 1945 ein Wappenstein mit einer lateinischen Inschrift, deren Übersetzung heißt: Rabanus von Schilder, Abt des Klosters Varlar, hat diese Mühle für sich und seine Nachfolger vom Fundament auf erneuert. 1737.

Im Zuge der Säkularisation von 1803 wurden das geistliche Fürstentum Münster und alle Klöster und Stifte aufgelöst und mit diesem enteigneten Grundeigentum die Fürsten entschädigt, die linksrheinisch

Die Berkelmühle in Stadtlohn (1987).

durch die französische Annektion Landverluste erlitten hatten. Das Kloster Varlar und damit auch die Berkelmühle in Stadtlohn wurde dem Wild- und Rheingrafen zu Salm-Horstmar zugewiesen.

Die mittelalterliche Mühlenanlage in Stadtlohn bestand aus einer Kornmühle und einer auf der anderen Seite des Stauwehrs liegenden Ölmühle. Im Sommer 1913 brannte die Kornmühle ab, wurde aber wiederaufgebaut. An dieser Stelle der bisherigen unterschlächtigen Wasserräder trat ein mächtiges, mittelschlächtiges Mühlenrad von 8,50 m Höhe und 1,60 m Breite, dessen Leistung mit 40 PS hoch war. Bei Wassermangel sorgte eine Zweizylinder-Hochdruck-Dampfmaschine für die Antriebsenergie.

Auch die Ölmühle wurde wieder in Betrieb genommen. Sie war wegen ihrer urtümlichen Form in Holzkonstruktion, mit hölzernem Getriebe und hölzernem Stampfwerk eine häufig besuchte Sehenswürdigkeit; Maler und Fotografen wählten sie oft als Motiv für ihre Arbeiten.

Im Bombenhagel der Märztage 1945 ging die Berkelmühle wie viele andere historische Bauten unter. Während die Kornmühle mit einer 80-PS-Wasserturbine wieder aufgebaut wurde, war der wirtschaftliche Wert der Ölmühle vergangen, und die Gebäudereste wurden abgerissen. Durch Mitglieder des Stadtlohner Verkehrs- und Heimatvereins angeregt, hat sich der sogenannte „Ölmühlenausschuß" konstituiert, der die lobenswerte Aufgabe übernommen hat, die ehemalige Ölmühle wieder aufzubauen.

Der derzeitige Pächter und Betreiber der Kornmühle ist die Futtermittelhandlung Jungkamp. Auf einer leistungsfähigen Hammermühle werden die Futtermittel geschrotet und auf nachgeschalteten Maschinen gemischt. Den dazu erforderlichen Strom erzeugt über ein Aggregat die 80-PS-Turbine. Bei schwacher Leistung, zum Beispiel durch Wassermangel, speisen die VEW Strom in das Betriebsnetz ein, während umgekehrt bei Betriebsruhe der Strom von der VEW abgenommen wird.

32 *Die Windmühle Menke in Südlohn*

Dieser 1812 gebaute Wallholländer aus Holz (Achtkanter) war ursprünglich mit Schindeln gedeckt. Im Familienbesitz von Menke ist die Windmühle seit 1865.

Die Anlage hatte zwei Mahlgänge und ab 1866 zusätzlich ein Sägegatter, das von Windkraft angetrieben wurde. Um mehr Platz für das Sägegatter zu schaffen, wurde später der Erdwall beseitigt und durch einen Rundumanbau ersetzt, von dessen

Windmühle Menke in Südlohn.

Dach als Umgang die Kappe und die Flügel bedient werden konnten. Um 1900 baute Menke ein Nebengebäude für eine andere Nutzung, stellte darin aber auch eine Dampfmaschine auf und betrieb seitdem eine Dampf- und eine Windmühle.

1926 wurde die Windmühle stillgesetzt und in den folgenden Jahren die gesamte veraltete Technik ausgebaut, um Platz für die neuen Geräte zu schaffen. 1933 kam der erste Walzenstuhl. Um dem Verfall zu begegnen, ließ Menke 1949 die Kappe und einige Jahre danach auch die Wetterseite des Turms mit Kupferblech beschlagen. 1981/82 erhielt die Menke-Mühle mit Hilfe der Denkmalpflege neue Flügel und eine komplette Verkleidung mit Kupferblech.

Neben den Mahlwerken ist auch das Sägegatter noch betriebsbereit. Die ganze Anlage kann von den beiden vorhandenen Schwerölmotoren angetrieben werden.

33 *Die Schloßmühle Velen*

Velen ist ein Ort, dessen Ursprung auf einen karolingischen Haupthof zurückgeht, der im Heberegister des Klosters Werden aus dem Jahre 890 verzeichnet ist.

Die Wassermühle liegt außerhalb des Ortskerns, wo durch Zusammenfluß von Vennbach und Thesingbach die Bocholter Aa entsteht. Sie gehört, wie der Name besagt, zum Schloß Velen und ist seit 1767 Landsbergscher Besitz.

Der Heimatforscher Hubert Endrejan schreibt dazu im Heimatbuch Velen 1983, daß diese Wassermühle in einer Urkunde vom 8. 3. 1367 anläßlich eines Eigentumvergleichs der Familienmitglieder des Adelsgeschlechtes von Velen eines der zu tauschenden Objekte war.

Das Baujahr dürfte, ähnlich wie bei anderen Wassermühlen im Münsterland, im 13. Jahrhundert oder davor liegen. So vermutet Herr Endrejan, daß die Schloßmühle zumindest mit ihren Fundamenten zu den ältesten Bauwerken in Velen und Umgebung zählt.

1543 ist die Mühle nach einer Inschrift im Mauerwerk überholt und 1702 nach einem am Gebäude angebrachten Wappenstein zum jetzigen Umfang erweitert und renoviert worden.

Im Jahre 1927 wurde der Betrieb der Kornmühle mit Mühlrädern aufgegeben und eine leistungsfähigere Wasserturbine eingesetzt, die auch zur Lichtstromerzeugung für das Schloß und andere Gebäude diente. Später übernahmen die VEW die Verantwortung für die Stromerzeugung in der Mühle, und der Mahlbetrieb wurde stillgelegt.

Heute ist die Schloßmühle ein Baudenkmal, das die Erinnerung an eine große Zeit der Mühlenherrlichkeit wachhält.

34 *Die Anholtsche Möll*

Seit 1987 ist die Stadt Anholt um eine Attraktion reicher. Die Salm-Salmsche Windmühle auf dem Mühlenberg, einer künstlich erhöhten Rheindüne, wurde renoviert und hat auch wieder Windmühlenflügel erhalten.

Im Jahre 1747 wurde die holländische Kappenwindmühle mit dem massiven Turm von der Salm-Salmschen Güterverwaltung erbaut. Sie arbeitete bis 1955. Drei Mahlgänge waren insgesamt vorhanden, ein 1,70 m großer Weizengang mit Mühlsteinen aus französischem Quarzit und zwei Schrotgänge mit blauen Eifelersteinen. Auf einem Achtkantsichter wurde das Feinmehl gesiebt.

Die Schloßmühle Velen mit Turbinenhaus.

Die Kappenwindmühle in Anholt.

1909 erhielt die Mühle Flügel aus Metall und behielt diese bis zum Stillstand. Die Fluchten waren 26,60 m lang, die Höhe über Oberkante Boden betrug 14,00 m. Bis 1945 wurde mit Wind gemahlen, dann erhielt die Mühle Stromanschluß. Bis auf einen Schrotgang wurden die Mahlgänge ausgebaut. Dafür ist ein Doppelwalzenstuhl aufgestellt worden.

Letzter Müller war von 1919 bis 1955 Bernhard Stapelbroek, der auch Eigentümer der Mühle wurde.

Seit der Renovierung dienen die Räume in der Mühle einer Galerie zur Ausstellung von Kunstwerken.

35 *Die Wassermühle Schloß Anholt*

Das von Gräften umgebene Schloß Anholt mit seinen Mühlenanlagen liegt im äußersten westlichen Zipfel des Münsterlandes an der Issel. Im Jahre 1180 wird das Gut Anholt im Lehnsbuch des Klosters Utrecht erwähnt. Eine Urkunde aus dem Jahre 1234 ist etwas genauer und erwähnt „Herrn Stephanus de Anholte", aber schon vor dieser Zeit darf eine Burganlage in Anholte angenommen werden.

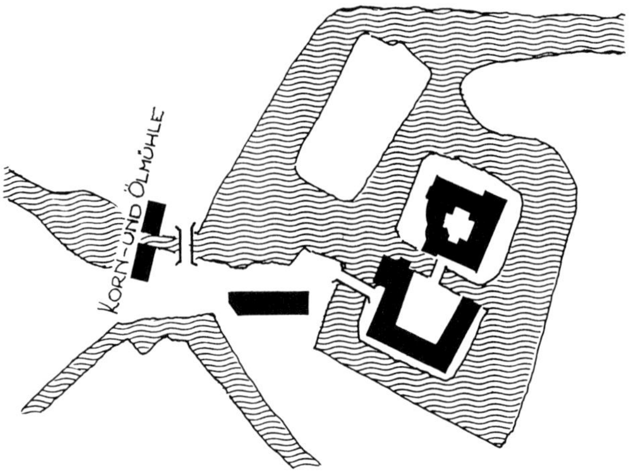

Lageplan von Schloß Anholt mit der Mühle.

Anholt war bis 1803 ein reichsunmittelbarer Kleinstaat. Ab 1674 herrschte hier das fürstliche Geschlecht zu Salm; durch späteren Zusammenschluß mit einer Nebenlinie entstand das Haus zu Salm-Salm. In der napoleonischen Zeit verlor das Haus Salm-Salm linksrheinische Besitzungen und erhielt dafür als Entschädigung die ehemaligen münsterischen Ämter Ahaus und Bocholt.

Vermutlich im 13. Jahrhundert, vielleicht auch früher, wurden am Ablauf der Burggräfte eine Kornmühle und eine Ölmühle gebaut. Im 18. Jahrhundert sind diese beiden Gebäude in dem zum Schloß passenden holländischen Barockstil auf alten Fundamenten neu errichtet worden.

Die Ölmühle wurde bereits um die Jahrhundertwende stillgelegt und zu einem Wohnhaus umgebaut. Die Kornmühle mit einem Weizengang und zwei Schrotgängen war bis 1906 mit Antrieb von einem Mühlenrad in Betrieb. Von 1906 bis 1909 erfolgte eine Umstellung der Kornmühle auf 45-PS-Turbinenantrieb, mit dem auch Strom für die Schloßbeleuchtung erzeugt wurde. 1945 stellte das Haus Salm-Salm den Betrieb der Kornmühle ein. Die Stromerzeugung haben später die RWE übernommen.

36 *Die Sägemühle in Bocholt-Liedern*

In Bocholt-Liedern fanden wir auf unserer Mühlensuche eine der wenigen Sägemühlen, die noch mit Wasserkraft arbeiten. Der Sägemüller Lensing unterbrach seine Arbeit am Horizontalgatter und zeigte uns gern seine Anlage.

Die Aa ist hier durch ein Wehr 2 m hoch angestaut und treibt eine 20-PS-Wasserturbine, die elektrischen Betriebsstrom erzeugt. Die ehemals vorhandene Kornmühle ist seit Jahren abgerissen.

Die im 18. Jahrhundert auf alten Fundamenten errichtete Mühlenanlage des Wasserschlosses Anholt.

Die Sägemühle in Bocholt-Liedern arbeitet noch mit Wasserkraft (Turbine). Das Foto zeigt den Sägemüller Lensing am Horizontalgatter.

Vor über 250 Jahren wurde auf diesem Grund und Boden die Michaelis-Eisenhütte erbaut, um unabhängig vom Siegerländer Eisen zu werden. Verhüttet wurde das in der Bocholter Gegend gefundene Rasenerz mit 20 bis 30 Prozent Eisengehalt. Aktionäre der 1729 gegründeten Aktien-Gesellschaft waren die führenden Adelsfamilien des Kreises Borken. Da die erhofften Gewinne ausblieben, löste sich 1862 die Gesellschaft auf und verkaufte den Grund und Boden mit den Gebäuden und dem Recht zur Nutzung des Wassers als Antriebsenergie für Maschinen an den Fürsten Salm-Salm, der es vor einigen Jahren der Stadt Bocholt übertrug.

37 *Die Werther Turmwindmühle*

Das Wahrzeichen von Werth, der kleinen Stadt an der Issel, ist ohne Zweifel die Kappenwindmühle. Älteste Unterlagen über Werth stammen aus dem 13. Jahrhundert, als die Ritter von Werde diese Grundherrschaft vom Fürstbischof zu Münster zu Lehen hatten. Die Issel war Landesgrenze zum Herzogtum Cleve. Zum Schutz gegen Übergriffe war dem Landesherrn hier der Bau einer wehrhaften Wasserburg durch seine Vasallen willkommen.

Die Turmwindmühle in Werth, Kreis Borken. Werth war ein eigenes Territorium mit einer 1391 erbauten Burg. Der Turm der Windmühle war Teil der Befestigungsanlagen.

Später kam die Grundherrschaft in den Besitz derer von Kuilenborg bei Utrecht. Diese verliehen 1426 der Siedlung um Burg Werth die Stadtrechte und ließen eine Stadtmauer aufführen. Mit in die Stadtbefestigung einbezogen wurde die etwa 400 m westlich vor der Burg an der Issel liegende Wassermühle, die durch einen mächtigen Wehrturm mit 2 m starken Mauern geschützt wurde. Die 4 m hohe Stadtmauer schloß sich von beiden Seiten an den Wehrturm an.

Auf einer Anfang des 17. Jahrhunderts angefertigten Karte ist die Wassermühle verzeichnet, fehlt dann aber auf einer späteren Karte.

Nach der Überlieferung soll die Kappenwindmühle in der heutigen Form Teil der Stadtbefestigung zusammen mit der Stadtmauer und den Wehrtürmen gewesen sein.

Die Mühle hat bis ungefähr 1957 Lohnmahlungen auf einem Walzenstuhl und einem Schrotgang einschließlich Plansichter durchgeführt und wurde dann stillgelegt. Heute ist die Mühle renoviert und wird vom Heimatverein und von der Kreisverwaltung gepflegt.

38 *Die Königsmühle in Bocholt*

Eine wichtige Furt durch die Aa begünstigte eine frühe Ansiedlung, aus der das heutige Bocholt entstand. In sächsischer Zeit war Bocholt ein Oberhof und Sitz eines Edelings im Dienst des Herzogs Widukind, der großen Besitz im westlichen Münsterland hatte. Nach Eroberung des Münsterlandes durch die Franken im Jahre 779 machte Karl der Große den widukindschen Hof bei Bocholt zu einem Königshof und ließ auch eine Wassermühle, „Die Königsmühle", bauen, damit die Truppen auf diesem Etappenhof nicht selbst das Korn zu Grütze und zu Mehl mahlen mußten.

Nach Aussöhnung mit Karl dem Großen erhielt Herzog Widukind mit anderem beschlagnahmten Grundvermögen auch den Königshof mit der Mühle zurück. Er gehörte zur Mitgift der Gräfin Mathilde aus dem Hause Widukinds, Gattin des Königs Heinrich I., und wurde dem Frauenkloster Nordhausen in Thüringen übereignet, von wo er 1263 dem Bischof von Münster verkauft wurde.

Der Königshof Bocholt mit der Königsmühle gehörte zu dem Grundvermögen, das 1803 die Fürstenhäuser Salm-Salm und Salm-Kyrburg als Entschädigung für linksrheinisch erlittene Verluste erhielten. Ab 1825 waren der Königshof und die Königsmühle Alleinbesitz des Hauses Salm-Salm, das den Besitz durch Pächter bewirtschaften ließ. 1906 richtete ein Brand große Schäden in der

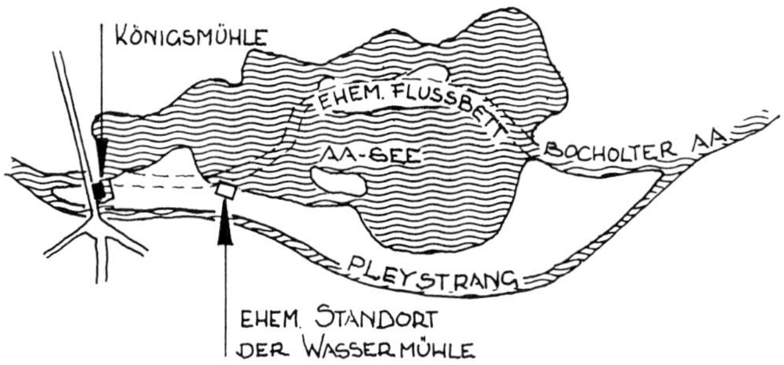

Lageplan zum Standort der ehemaligen Königsmühle.

Königsmühle an, und noch einmal erhielt die Mühlenanlage schwere Beschädigungen bei der Bombardierung der Stadt Bocholt Ende des letzten Krieges.

Die Königsmühle wurde wieder aufgebaut; um 1950 kam das neue Müllerhaus hinzu. Der Mühlenpächter versuchte, die Mühle trotz der Konkurrenz der großen Handelsmühlen wirtschaftlich zu führen. 1960 erfolgte eine Erweiterung durch Anbauten und Siloanlagen.

Im Zuge des Ausbaues des Aasees wurden die von der Bausubstanz her und technisch inzwischen veralteten Gebäude zusammen mit dem umliegenden Grund von der Stadt Bocholt erworben und im Januar 1982 bis auf die historischen Mauerreste des ältesten erhaltenen Mühlengebäudes abgerissen. Diese Relikte sind heute in die Freizeitanlage integriert. Gemeinsam mit der darüber errichteten Pergola aus Originalholz des historischen Gebäudes erinnern sie an das einstige Wahrzeichen der Stadt Bocholt, die „Königsmühle".

39 *Die Stadtmühle in Borken*

Heute erinnert nur noch eine am Gebäude der ehemaligen Stadtmühle angebrachte Bronzetafel an die alte Mühlenherrlichkeit.

Stadtmühle in Borken. Bronzeplatte am alten Standort.

40 *Die Neue Mühle in Borken*

Als wir die früher zur Burg Gemen gehörende „Neue Mühle" bei Borken aufsuchten, waren wir zuerst enttäuscht, da außer dem Wehr kaum noch etwas an die mittelalterliche Wassermühle erinnerte.

Wir fanden jedoch, im Frontmauerwerk des früheren Mühlengebäudes eingemauert, das Sandsteinrelief mit dem Wappen des einstigen Eigentümers Graf Hermann Otto (gekrönte Löwen und drei Kanonenkugeln im Feld) und seiner Gattin Gräfin Charlotta Amelia, geborene Gräfin von Velen. Ihr Wappen zeigt den Stolz auf das Mühlenrecht, drei Enten (Staurecht), Brot in Brezelform (Kornmühle mit dem Bannrecht) und das Mühlenrad.

Die Wappen der adeligen Eigentümer findet man oft über dem Eingang zu alten Wassermühlen. Das Mühlrad im Wappen habe ich bisher aber nur im Familienwappen von Bauernfamilien, zum Beispiel auf dem Schultenhof Waltering in Rödder bei Dülmen, gefunden.

Für einen Freund der Wappenkunde ist das Wappen mit Mühlrad einer gräflichen Familie sicher etwas Besonderes.

Die Fundamente der neuen Mühle stammen aus dem Jahre 1461. Das heutige Mühlengebäude ist aus Feldbrandsteinen im Jahre 1904 errichtet worden und wurde später mit einem Spritzputz versehen.

Ebenfalls 1904 erfolgte der Einbau einer Wasserturbine zum Antrieb der drei Mahlgänge, die 1965 stillgelegt wurden. Bis 1940 gehörte die „Neue Mühle" zum Besitz des Grafen von Landsberg.

Neue Mühle, Wappenstein an der Gebäudefront.

Die Neue Mühle in Borken.

Eine Ölmühle stand in einiger Entfernung an der Umflut und wurde um 1900 abgebrochen.

Jetzt betreibt die Firma Landhandel W. Baumeister die Mühle mit Netzstrom.

41 *Die Windmühle Habers in Rhede-Krommert*

Diese Turmwindmühle wurde 1881 von dem Müller Habers gebaut und blieb bis heute in Familienbesitz.

Windmühle Habers.

Bis 1925 war die Windmühle voll in Betrieb, und die Bauern der Umgebung brachten ihr Korn zu Lohnmahlungen. Als jedoch das öffentliche Stromnetz den Bauern die Möglichkeit bot, mit elektrischen Hammermühlen das eigene Korn nach Bedarf zu schroten, war die Windmühle nicht mehr ausgelastet, und Müller Habers legte sie still, zumal er in Rhede noch Besitzer einer Dampfmühle war.

1966 mußte die Windmühle soweit überholt werden, daß sie nicht weiter verfiel. 1981/82 wurde die Mühle renoviert; sie erhielt ein neues Flügelkreuz und einen neuen „Krühstert", mit dem die Kappe einschließlich der Flügel in den Wind gedreht werden kann.

Bei unserem Besuch im Herbst 1986 erzählte Frau Habers, daß in der Mühle noch zwei Mahlgänge, einer für Buchweizen und einer zum Schroten, vorhanden seien. Wir begnügten uns mit einer Außenbesichtigung, denn das Müllerhaus wurde stilvoll umgebaut, und während der Bauzeit schien uns eine Besichtigung unpassend.

42 *Die Wassermühle Haus Döring bei Marbeck*

Die zum Haus Döring gehörende Wassermühle hat zwei Mahlgänge zum Schroten und Mahlen von Korn. Sie gilt als besonders erhaltenswert.

Das verfallene Mühlenrad ist vor kurzer Zeit auf Veranlassung des Amtes für Denkmalpflege erneuert worden, und so ist das romantische Bild einer verträumten Waldmühle wieder vollständig.

Die Antriebsenergie erhielt diese Wassermühle durch den gestauten Rintefortbach, der den Mühlenteich speist.

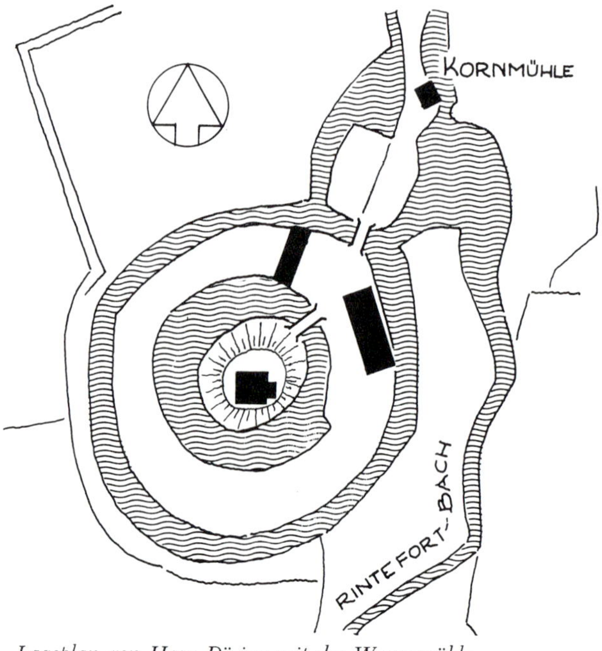

Lageplan von Haus Döring mit der Wassermühle.

Wassermühle Haus Döring.

Haus Döring war eine Wasserburg auf einem künstlich erhöhten Erdhügel, auf dem die eigentliche Burg stand. Die durch den Aushub des Erdreichs entstandenen Gräben wurden mit Wasser zu Gräften geflutet. Ein zweiter Gräftenring bildete vor der Hauptburg die Vorburg mit den landwirtschaftlichen Gebäuden.

Die Burg besteht nicht mehr. An ihrer Stelle wurde, nachdem ihre Mauern keinen Schutz vor den neuen Feuerwaffen boten, ein schönes Herrenhaus im Barockstil errichtet.

In seiner Konzeption gilt das Haus Döring als „Motte". Motte kommt aus der französischen Sprache und ist etwa mit Hügelburg zu übersetzen. Sie gilt im Münsterland als der Vorläufer der im 12. und 13. Jahrhundert aufkommenden Wasserburgen des Landadels. Die Anfänge dieser Form von Wehrburgen mit den sie umgebenden schützenden Wassergräben (Gräften) beginnt im 9. Jahrhundert, hat sich aber bis ins 12. oder gar 13. Jahrhundert als Vorbild erhalten.

Typisch ist die Lage der Wassermühle abseits der Wehranlage vor der Zugbrücke der äußeren Gräfte, in Rufweite des Torhauses, denn nach königlichem Gebot hatte in Mühlen steter Frieden zu herrschen. Solange noch ritterliche Fairneß galt, wurde bei Kampfhandlungen zwar dem Gegner möglichst großer Schaden zugefügt, aber keine Mühle in Brand gesteckt und kein Müller erschlagen.

43 *Die Windmühle Groß-Reken*

Mit dem Bau dieser Kappenwindmühle (Erdholländer) wurde Ende des 18. Jahrhunderts im Auftrage des Dorfschulten Johann Schulte to Reken begonnen. Nach dessen Tod vollendete sein Schwiegersohn Anton Schulze Holthausen mit Hilfe holländischer Fachleute den Bau. Am 30. November 1807 erhielt Schulze Holthausen die Konzession für die Mühle und konnte den Betrieb aufnehmen. In dieser Konzession wird der Mühle landesherrlicher Schutz gewährt und dem Besitzer zugesichert, daß binnen einhundert Jahren keine weitere Mahlmühle, weder eine Wind- noch eine Roßmühle, im Umkreis von eineinhalb Wegstunden ohne sein Einverständnis errichtet werden darf (Bannmühle).

Die Kornmühle war noch im letzten Krieg voll in Betrieb und wurde vom letzten Besitzer und Müller Hermann Anton Wiesweg 1945 stillgesetzt. 1972 haben Bürger von Reken unter Führung des Heimatvereins die Mühle instandgesetzt und neue Flügel angebracht. Heute ist sie als Heimatstube eingerichtet, in der es viele alte Geräte und Gebrauchsgegenstände des vergangenen bäuerlichen und dörflichen Lebens zu sehen gibt.

Die Windmühle in Groß-Reken.

Zum Schluß noch einige Daten der Mühle: Der Turm hat eine Höhe von 12 m ohne Kappe. Die Stärke des Mauerwerks beträgt über dem Fundament 1,50 m, in Höhe der Kappe 0,90 m. Der Turmdurchmesser ist unten 10 m, oben 7,40 m. Ein Flügel ist 11 m lang. Bei vertikaler Stellung eines Flügelpaares beträgt die Höhe vom Erdboden bis zur Flügelspitze 24 m.

44 *Die Windmühle Schwane in Raesfeld-Erle*

Vor der Schwanemühle in Erle-Westrich trafen wir den damals 85jährigen Eigentümer vor seiner stillgelegten Mühle, und gern erzählte er aus alten Zeiten.

Die Windmühle wurde 1848–1850 erbaut und kam 1988 in den Besitz der Familie Schwane. Die Mühle ist 15 m hoch, die Flügelspannweite beträgt 22 m. Das Turmmauerwerk ist im Unterbau 1,50 m dick und verjüngt sich nach oben auf 0,50 m. Es ist ganz aus örtlich gebrannten Feldbrandsteinen erstellt. Die Ausrüstung bestand aus drei Mahlgängen, und zwar für Weizen, Buchweizen und Schrot.

1894 wurde zusätzlich eine Dampfmühle angebaut und 1925 auf Dieselantrieb umgestellt. Der Betrieb der Windmühle endete 1937.

Müllermeister Schwane erklärt das Schärfen eines Mühlsteines.

Die Windmühle Schwane in Erle.

Als die Möglichkeit des Anschlusses an das Stromnetz gegeben war, wurde die Anlage auf Antrieb durch elektrischen Strom umgerüstet.

Heute ist die 1956 mit Flügeln, Kappe und „Krüstert" neu versehene Mühle ein sehr lohnendes Schauobjekt. Die vorhandenen Gebäude sind zu einer schönen Wohnung ausgebaut.

Ärgerlich

Aus der Mühle schaut der Müller,
Der so gerne mahlen will
Stiller wird der Wind und stiller,
Und die Mühle stehet still.

„So geht's immer, wie ich finde!"
Rief der Müller voller Zorn.
„Hat man Korn, so fehlt's am Winde.
Hat man Wind, so fehlt das Korn."

Wilhelm Busch (1832–1908)

Kreis Coesfeld

45 *Die Windmühle Höping bei Darfeld*

In der Chronik der Gemeinde Darfeld ist die Höpinger Windmühle beschrieben. Danach wurde sie vor rund dreihundert Jahren von dem damaligen Schulten Höping erbaut. Durch ihre herrliche Lage auf dem Höpinger Bockel ist sie bis zu 30 km im Umkreis sichtbar. Noch in den letzten Vorkriegsjahren drehten sich die gewaltigen Flügel munter im Winde und mahlten und schroteten das Korn nicht nur für den Schultenhof und die angeschlossene Brennerei, sondern auch für die Bauern im Umkreis.

1902 verkaufte Schulte Höping den Hof an Josef Schulze Hobbeling aus Davensberg und die Windmühle an den jungen Müller Josef Runte. Zur Mühle gehörten das Müllerhaus und die darin bestehende Branntweinschenke, die jedoch von Runte aufgegeben wurde. Nach dem Krieg arbeitete die Mühle noch einige Jahre mit Netzanschluß und Motorkraft. Als Müllermeister Runte in der Mühle tödlich verunglückte, wurde sie stillgelegt.

Heute ist die Mühle zu einem wohlgestalteten Wohnhaus mit einem Atelier umgebaut, hat wieder Windmühlenflügel und ist ein weithin sichtbares Zeichen vergangener Mühlenseligkeit.

46 *Die Schloßmühle Darfeld*

„Wie ein fremder Edelstein liegt inmitten der Hügellandschaft der Baumberge das Wasserschloß Darfeld", heißt es in einem Buch von Rainer A. Krewerth (Burgen, die im Wasser träumen, Seite 106).

Zu diesem Wasserschloß gehört auch eine Wassermühle mit einem Mühlenteich. Wie alt die Mühle ist, wissen wir nicht. Urkundlich wird sie zum ersten Mal im Jahre 1695 erwähnt.

Die Mühle hat auf zwei Mahlgängen das auf den Ländereien des Schloßherren Graf Droste zu Vischering geerntete Getreide geschrotet und gemahlen, aber auch Lohnmahlungen für die umliegenden Bauernhöfe durchgeführt.

Windmühle Höping.

Schloßmühle Darfeld. Das Mühlrad im Winter.

Als Dampfmaschinen aufkamen, richtete die Vischeringsche Güterverwaltung an der Mühle eine zusätzliche Kraftanlage ein, da die Wassermenge des Mühlenteiches besonders im Sommer häufig für den Mahlbetrieb nicht ausreichte. Angeschlossen daran wurde eine Stromerzeugung für die Beleuchtung des Schlosses und die dazugehörenden Gebäude.

1952 verkaufte die Rentei die alte Wassermühle an den Müllermeister Eduard Tombrink, der den Betrieb modernisierte. 1955 ließ er das Mühlenrad überholen. Das Rad hat bei einem Durchmesser von 3,35 m 32 Schaufeln, die je 80 Liter fassen. Das Mühlrad wird oberschlächtig beaufschlagt und kann bei 12 bis 15 Umdrehungen in der Minute rund 15 PS erzeugen. 1960 stellte der Müllermeister den Mahlbetrieb mit Wasserkraft ein und schloß die Mühle an das öffentliche Stromnetz an.

Stillstand bedeutet Verfall. Darum mußte das Mühlenrad 1981 restauriert werden und dreht sich seitdem wieder zur Freude der vielen Besucher. Die Mahlgänge sind noch betriebsbereit, aber es fehlen die Mühlsteine.

47 *Die Wassermühle Schulze Wierling bei Havixbeck.*

Nördlich von Havixbeck liegt am Oberlauf der Steinfurter Aa der Schultenhof Wierling, zu dem noch eine mit Wasserkraft angetriebene Mühle gehört (Schlagmühle für Futterschrot). Das Mühlenrad wurde bereits 1920 abgebaut und dafür eine Wasserturbine installiert, die auch der Stromerzeugung für den Hof diente.

Nach Angaben von Schulte Wierling gehörte der Hof früher zum Haus Stapel, wird aber seit dem 15. Jahrhundert von der Familie Schulte Wierling geführt. Auf Grund des preußischen Gesetzes zur Regelung gutsherrlich-bäuerlicher Verhältnisse konnte der Hof nach Zahlung einer Ablösesumme in der zweiten Hälfte des vorigen Jahrhunderts in das Familieneigentum der Wierlings übernommen werden.

Die Wassermühle auf dem Hof Schulze Wierling schrotet mit Wasserkraft.

Die Stapelsmühle liegt seit 1936 still.

48 *Die Stapelsmühle bei Havixbeck*

Die Wassermühle am Oberlauf der Münsterischen Aa liegt nördlich von Havixbeck und gehört zum Haus Stapel. Die benachbarten Bauern nennen diese alte Mühle auch wohl Kerckerincks Mühle nach den früheren Eigentümern Kerckerinck zu Stapel. Heute ist Haus Stapel der Sitz des Freiherrn Raitz von Frentz.

Nach Angaben des Pächters, Müllermeister Seesing, wurde die Stapelsmühle 1678 erbaut. Dieses Baujahr ist vermutlich der urkundlich bezeugte Wiederaufbau nach der Zerstörung im Dreißigjährigen Krieg.

Zu der Doppelanlage gehörten eine Öl- und eine Kornmühle. Die Ölmühle ist schon vor dem Ersten Weltkrieg stillgelegt und später abgerissen worden. Die Kornmühle hat zwei Mahlgänge für Backmehl und Schrotmehl mit 1,60 m und einem Grützegang mit 1,10 m im Durchmesser großen Mühlsteinen.

Das oberschlächtige Mühlenrad (früher waren es zwei Mühlräder) lieferte bis 1936 den Antrieb für die Kornmühle. Danach war das Mühlrad bis 1946 der Antrieb für bäuerliche Arbeitsmaschinen auf dem Hof, zum Beispiel zum Dreschen.

Das einsame Mühlrad, Rest der abgebrannten Ahlert-Mühle in Goxel.

49 *Die Ahlert-Mühle in Coesfeld-Goxel*

Bis 1972 war die Kornmühle noch mit drei Doppelwalzenstühlen und zwei Schrotgängen in Betrieb und brannte ab. Zuletzt war Netzstrom der Antrieb, davor wurde der notwendige Betriebsstrom über Generator und Batterien vom mittelschlächtigen Mühlenrad erzeugt. Das Müllerhaus ist heute noch bewohnt. Die Mühle aber ist nicht wieder aufgebaut worden, nur noch das Mühlenrad steht einsam an der Brücke über die Berkel und ist als einziges Wasserrad an der Berkel auf deutscher Seite unter Denkmalschutz gestellt.

50 *Die Neumühle in Coesfeld*

Diese ehemalige Bischofsmühle an der Berkel westlich der Stadt Coesfeld wurde 1427 Stadtmühle und ging 1889 in den Besitz des Müllers H. Rengers über. Danach wechselte die Mühle mehrmals den Besitzer und ist heute Eigentum des Müllermeisters Hubert Thering.

Die Mühle war mit einem Weizengang und zwei Schrotgängen ausgerüstet. Die Mühlsteine hatten einen Durchmesser von 1,40 m. Zum Antrieb waren zwei Mühlenräder vorhanden. 1911 wurde eine 35-PS-Francisturbine mit einem Generator für Betriebsstrom eingebaut.

Bis 1955 ist mit den Mahlgängen geschrotet und gemahlen worden, dann wurden für den Weizenmahlgang zwei Walzenstühle montiert. Ab 1960 läuft eine Hammermühle mit 6-to-Stundenleistung mit nachgeschalteter Presse für getrocknetes Spezialfutter zur Aufzucht von Ferkeln, Kaninchen und anderen Kleintieren.

Die Neumühle in Coesfeld.

Müllermeister Hubert Thering.

Noch heute wird die Wasserkraft durch die Turbine voll ausgenutzt. Die fehlende Leistung für die benötigte Spitze bringt ein Stromanschluß. Ein automatisches Klappenwehr ersetzt seit 1986 das ehemalige Schützenwehr.

Ein im Frontmauerwerk eingemauerter Wappenstein mit „Ossenkopp" zeigt die Jahreszahlen der Renovierungen: 1671, 1840, 1934.

51 *Die Bischofsmühle in Coesfeld*

Die Bischofsmühle liegt am Honigbach gegenüber der Klinke am Stadthagen. Wie der Name sagt, war sie eine Anlage, die ursprünglich zum Eigentum des Bischofs in Münster gehörte. Die Grundmauern stammen aus dem 13. Jahrhundert, das Stauwehr ist mit der Jahreszahl 1214 datiert. 1596 erwarb die Familie von Graes die Mühlenanla-

Bischofsmühle, Frontansicht.

Das alte Mühlenrad.

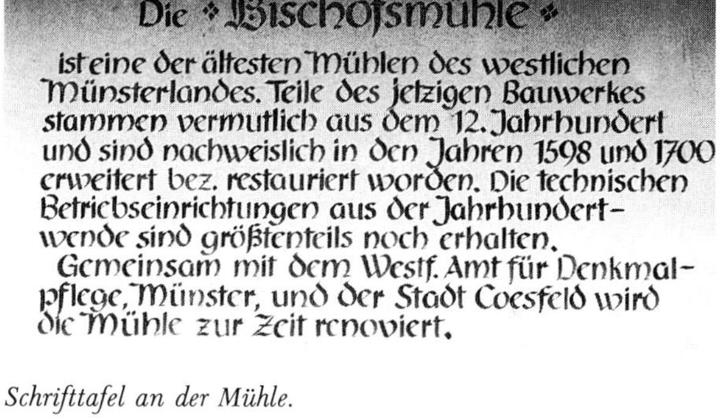

Schrifttafel an der Mühle.

ge und führte eine umfangreiche Renovierung durch. Die Jahreszahl 1598 im Türsturz über dem Eingang erinnert an die Wiederinbetriebnahme der Mühle nach der geglückten Generalüberholung.

Das Baukonzept der Bischofsmühle ist anders als sonstige Mühlenbauten im Münsterland. Die Wände sind massiver und die Räume höher.

Seit 1904 ist die Mühle Eigentum der Familie Seesing, Der Großvater des heutigen Besitzers kaufte sie von der Familie von Hamm. Bis 1955 hat die Bischofsmühle noch gemahlen und geschrotet. Dann wurden die Feinmehlgänge stillgelegt und nur noch für den Futtermittelhandel Korn geschrotet. Mit Stillsetzungsprämien hatte die Mühlenindustrie die Klein- und Mittelmühlen zur Aufgabe der Mahlkapazität geworben.

Der Schrotgang hatte 1965 ausgedient und die Mühle verfiel. 1986 begann die Familie Seesing mit Renovierungsarbeiten und noch im gleichen Jahr wurde ein neues, hölzernes Mühlenrad angebracht. Professor Dr. Ing. Jürgen Eberhardt von der Fachhochschule für Baugeschichte und Denkmalpflege in Köln untersuchte das Bauwerk. Der Experte bestätigte das Alter der massiven Bausubstanz mit Anfang des 13. Jahrhunderts, vermutet jedoch, daß die Mühle ehemals eine von einer Gräfte umflossene Wehrburg war. Diese Art Wehrburgen lasse sich gut in das 13. Jahrhundert einordnen. Später sei dann die Wehranlage zurückgebaut und das Bauwerk für eine Wassermühle genutzt worden. Ein abschließendes Urteil liegt noch nicht vor.

51a *Die Wassermühle an der Poststraße in Coesfeld*

Von den ehemals vielen Wassermühlen an der Berkel und den ihr zufließenden Bächen sind kaum noch welche erhalten. Der Künstler Heinrich Everz (1882–1967) hat noch etliche gekannt und einige der schönsten in seinen Holzschnitten festgehalten.

Coesfeld, Wassermühle an der Poststraße. Holzschnitt von Heinrich Everz.

Die Poststraße hieß bis vor 75 Jahren „de olle Möllenstraot“. An der Ecke zur Süringstraße lief noch ein Mühlenrad.

51b *Die Lohmühle am Letter Tor in Coesfeld*

Eine ebenfalls nur noch als Holzschnitt von Heinrich Everz erhaltene Wassermühle.

Coesfeld, Lohmühle am Letter Tor. Holzschnitt von Heinrich Everz.

Die Kappenwindmühle ist ein hölzerner Achteckaufbau mit Galerie. Sie ist das Wahrzeichen des Dorfes Lette.

Gebaut wurde die Mühle zu Anfang des 19. Jahrhunderts, nachdem mit der Gewerbefreiheit auch das Müllerhandwerk frei von Zwang und Bann war.

1842 kaufte die Familie Rütter diese Windmühle von B. Baumeister. Das ist für viele Mühlenfreunde insofern interessant, als der letzte Wassermüller Alfred Rütter, der noch bis 1954 Pächter der Sythener Mühle war, aus dieser bekannten Windmüllerfamilie stammt.

In Lette gab es auch eine Wasserburg mit einer Wassermühle. Sie gehörte den Rittern von Lette, die es zu Lehen vom Kloster Varlar bekamen. 1174 hatte Fürstbischof Hermann II. das aus einem Oberhof entstandene Rittergut dem Kloster überlassen.

Ritterburg und Wassermühle sind im vorigen Jahrhundert verfallen und abgerissen. Nur der Karpfenteich hält die Erinnerung wach. Die Windmühle hat Flügel und ist vollständig betriebsbereit. Man spricht davon, daß ein Müllermeister mit der Mühle wieder in Betrieb gehen will, um Bioschrot und Biomehl herzustellen.

Die Kappenwindmühle in Lette soll den Betrieb wieder aufnehmen.

Ein Besuch in Nottuln

Nottuln ist ein schöner Ort im Münsterland. Herz des Ortes ist der Stiftsplatz mit der Martinskirche und den nach dem Brand von 1748 nach Plänen des münsterischen Baumeisters Johann Konrad Schlaun wieder aufgebauten Stiftskurien. Am Stiftsplatz, und zwar an der Straßenbrücke über den Nonnenbach, hat früher die Launs-Mühle gestanden. Heute ist die Mühle abgebrochen, aber die alten Bürger erinnern sich noch gut dieser Wassermühle mit dem angegliederten Gasthaus.

Geschichtliches

Nottuln ist aus einer Ansiedlung um einen ehemals sächsischen Oberhof entstanden, der am Übergang eines Handelsweges über den Nonnenbach lag. Der Oberhof gehörte zur Burg „Nutlon" (dieser alte Name wird etymologisch als „Nußgehölz" interpretiert). Nach der Eroberung des Münsterlandes durch die Franken wurde hier eine erste Pfarre mit Kirche und Friedhof angelegt. Der Missionar und spätere Bischof von Münster, Liudger (Ludgerus), soll im Jahre 803 diese dem hl. Martin gewidmete Kirche geweiht haben. Wie die Überlieferung berichtet, gründete der Graf von Nottuln auf Anregung von Ludgerus ein Kloster, dem er seinen gesamten Grundbesitz in Nottuln übereignete. Erste Äbtissin dieses Frauenklosters wurde die hl. Heriburg, eine Schwester des hl. Ludgerus.

Das Kloster war im Mittelalter eine eigene kleine Grundherrschaft, die sich zwischen 1250 und 1350 bedeutend erweitern konnte. Nach alten Berichten war der Stiftsbezirk mit Wall und Graben umgeben und mit großen Toren versehen.

Ein Lageplan aus der Zeit vor dem großen Brand im Jahre 1748 zeigt das typische Bild eines Klosters, zu dem neben dem Vieh- und Bauhaus auch eine Kornmühle gehörte, der ein Back- und Brauhaus angegliedert war.

Er ließ die Mühlenräder klappern

50 Jahre Mühlenbaumeister

In Nottuln wohnt noch einer der letzten handwerklichen Mühlenbaumeister des Münsterlandes, Bernhard Frye. Dieser Vertreter eines schon fast vergessenen Berufsstandes wurde 1988 80 Jahre alt. Mit vierzehn Jahren kam Bernhard Frye zu seinem Vater in die Lehre, übernahm dann später den väterlichen Kleinbetrieb und ging erst nach über fünfzig Berufsjahren in den wohlverdienten Ruhestand.

Mühlenbaumeister Frye in seiner Werkstatt.

In den langen Berufsjahren hat Bernhard Frye in vielen Mühlen des Münsterlandes und des nahen Ruhrbezirkes gearbeitet und mit vielen Müllermeistern, deren Mühle er wieder gangbar machte, Freundschaft geschlossen.

Doch nicht nur Reparaturarbeiten führte Bernhard Frye durch. Seine Spezialität war die Herstellung von Mühlenrädern, die er so gestaltete, daß ihre Leistung den Mühlenturbinen nahe kam. Viele Mühlenräder im Münsterland stammen aus seiner Werkstatt. Auch ganze Anlagen führte Frye aus. So war er der Erbauer des technischen Teils der Sägewerksmühle Kramer-Bertels im Stevertal.

Nun ruht der Betrieb, und der alte Mühlenbaumeister bedauert, daß die handwerklichen, durch Wind oder Wasser angetriebenen Mühlen nicht mehr wettbewerbsfähig sind.

53 *Die Wassermühle Zumbülte*

Beim gemeinsamen Besuch mit Mühlenbaumeister Frye im August 1983 saß der damals fast 95 Jahre alte Müllermeister Heinrich Zumbülte vor der Tür seines Mühlenhauses im warmen Sonnenschein. Von der nahen Mühle hörte man das Rauschen des Mühlwassers.

Die Wassermühle Zumbülte in Nottuln mit dem Müllerhaus.

In jungen Jahren hat Heinrich Zumbülte das Mühlengrundstück mit einer abbruchreifen Anlage übernommen und 1914 die heutige Anlage mit einem Schrot- und einem Feinmehlgang erbaut. Zu der Mühle gehört ein mit fünf Hektar verhältnismäßig großer Mühlenteich. Bis Anfang der 60er Jahre hat die kleine Kornmühle noch gearbeitet, und Heinrich Zumbülte hat in den Hungerjahren der ersten Nachkriegszeit mancher Familie uneigennützig geholfen. Seine ganze Liebe gehörte seiner Mühle.

54 *Die Stiftsmühle in Stevern bei Nottuln*

Wer der Stever von der Quelle aus nachwandert, trifft schon bald auf die „Stiftsmühle", die heute unter dem Namen „Elpers Mühle" bekannter ist. Müller Elpers hat diese kleine Kornmühle mit zwei Mahlgängen vor Jahrzehnten käuflich erworben und 1967 das hölzerne Obergetriebe durch ein gußeisernes Untergetriebe auswechseln lassen. Bei

Modernes Mühlenrad (Stahl) mit hoher Leistung. Durch die in der Skizze dargestellten taschenförmig gestalteten Zellen hat das Wasserrad einen so hohen Wirkungsgrad, wie man ihn sonst nur mit der Francisturbine erreichen kann.

dieser Gelegenheit ließ er auch ein neues Mühlenrad, 1,40 m breit und 3,80 m hoch, einbauen. Die Beaufschlagung dieser eisernen Sonderkonstruktion erfolgt oberschlächtig über einen steinernen Kanal.

Die Möglichkeit des Wasserstaues in dem kleinen Mühlenteich beträgt von leer bis voll 1 m. Mit dieser Wassermenge kann der Müller zweimal am Tag je eine Stunde lang mahlen. Das reicht für sechs Zentner Weizen täglich. Nebenbei wird Strom für Warmwasser erzeugt.

Als Beutelwerk war bis vor kurzem noch ein Askania-Sichter vorhanden. Die Mühlsteine sind aus Eifeler Basaltlava und haben einen Durchmesser von 1,40 m; sie sind mit Balancierhauben ausgerüstet.

Nach Angaben in den Unterlagen zur Eintragung in das Wasserbuch beim Regierungspräsidenten stand an dieser Stelle schon im 9. Jahrhundert eine Wassermühle, zu der das Damenstift in Nottuln die Mühlengerechtsame besaß.

55 *Die Wassermühle des Schulzenhofes Westerath*

Die in der Wanderkarte bei der Bauernschaft Stevern eingezeichnete Wassermühle gehört zu einem alten Gräftenhof, der als Oberhof mit den dazugehörigen Unterhöfen in den Hebelisten des Klosters Werden aus dem Jahre 889 unter „pagus stirnufeldi" als abgabepflichtig aufgeführt wird.

Ein Kloster rechnete nicht mit jedem einzelnen Bauern ab, sondern bildete Hofesverbände und setzte auf den Oberhof einen ihrer hörigen Bauern als Verwalter (Villicus und im Münsterland Schulte genannt) ein. Dieser hatte die Erträge der gesamten Oberhofanlage einzutreiben und mit der Zentralverwaltung des Klosters abzurechnen.

Nach alten Unterlagen war die Hofanlage dem Ritter von Hämeking und danach dem Ritter von Detten zu Lehen gegeben. Im 13. Jahrhundert war der Schultenhof in Stevern Eigentum des Bischofs von Münster. Die Einkünfte daraus standen dem Burggrafen der fürstbischöflichen Landesburg Stromberg als Rente zu. Im Jahre 1302 verzichteten die Stromberger auf diese Einkünfte zugunsten des Stiftes in Nottuln.

1803 wurde das Kirchenvermögen säkularisiert. Durch das preußische Gesetz von 1825 zur Regelung gutsherrlich-bäuerlicher Verhältnisse war dem letzten Verwalter, Schulte Stevermann, die Möglichkeit gegeben, den Hof durch Zahlung einer Ablösesumme als Eigentum zu erwerben. Durch Erbfolge kam die Hofanlage 1852 an die Familie des jetzigen Besitzers Schulze Westerath.

Wassermühle des Schulzenhofes Westerath. Seit 1984 läuft hier das Pilotprojekt „Kinetotherm".

Die Wassermühle war ursprünglich der Anlage nach eine Doppelmühle. Die Ölmühle ist nicht mehr vorhanden. Auf ihren Fundamenten steht heute ein Schuppen. Die Kornmühle ist ein wehrhaft aussehendes Gebäude mit 1 m dicken Wänden und schießartig schmalen Fensterschlitzen.

Die über der Eingangstür eingemeißelte Zahl 1666 gibt sicher die Fertigstellung des Wiederaufbaues nach der Zerstörung der Mühle im Dreißigjährigen Krieg und nach Abzug der Hessen an.

1928 wurde der Mühlenrad-Antrieb durch eine 20 PS starke Francis-Turbine ersetzt. Diese trieb über Transmissionen die noch heute intakten Mahlgänge und erzeugte außerdem noch den Lichtstrom für die Hofanlage. Nach dem Anschluß an das öffentliche Stromversorgungsnetz um 1960 stellten die Bauern im Stevertal ihr Futterschrot auf eigenen elektrischen Schlagmühlen her, und seitdem arbeitet die Westerather Mühle nur noch für den eigenen Bedarf.

Seit 1984 läuft in der Mühle ein Pilotprojekt, an dessen Ausgang viele Wassermühlenbesitzer interessiert sind. Die Anlage „Kinetotherm" erzeugt Warmwasser zur Beheizung von Wohnung und Stallgebäude, und zwar mit der Wasserkraft der bestehenden Francis-Turbine nach dem System der Wirbelstrombremse.

56 *Die Sägemühle Kramer-Bertels in Stevern*

Auf der Wanderung entlang der Stever trifft man auf die noch heute mit Wasserkraft arbeitende Sägemühle Kramer-Bertels.

Das Horizontalgatter zum Auftrennen von Laubholzstämmen, wie Eichen und Buchen, zu Balken, Bohlen und Brettern erhält seine Antriebsenergie von einem 1,40 m breiten und 2,80 m hohen oberschlächtigen Mühlenrad.

Der Sägemüller Bertels stand im Frühjahr 1983 bei meinem Besuch in der Mühle am Gatter und gab an, daß er mit dem Wasservorrat der im Mühlenteich angestauten Stever täglich voll arbeiten könne. Erbaut wurde diese Anlage von dem Unternehmer Sternemann aus Coesfeld zu Anfang des 19. Jahrhunderts als Hammermühle.

Die Kraft des Mühlrades wurde damals ausgenutzt, um aus Kupferplatten-Rohmaterial Fertigware an Dachplatten, Dachrinnen und Fallrohren herzustellen. Interessant ist, daß auch die Platten für die Kupferbedachung des Domes in Münster, einschließlich der Dachrinnen und Fallrohre, in diesem Hammerwerk vorbereitet wurden.

Im Jahre 1878 wurde das Kupferhammerwerk stillgelegt. Der Werkführer Kramer kaufte den Besitz von den Erben Sternemann und rüstete die Anlage zu einer Sägemühle um, die dann durch Erbschaft an den heutigen Sägemüller kam.

57 *Die Wassermühle Westerode*

Versteckt hinter Bäumen und Sträuchern findet man auf der Wanderung entlang der Stever die frühere Westeroder Mühle. Sie gehörte zu einer

Das Wasserrad der ehemaligen Wassermühle Westerode dient heute der Stromerzeugung.

Der Sägemüller Bertels vor seinem Sägegatter.

Oberhofanlage, aus der die Bauerschaft Eckhoven entstand. Um 1285 wurde das Rittergut, das den Herren von Detten gehört hatte, an die Johanniterkommende in Burgsteinfurt verkauft und später geteilt.

Das Mühlengebäude wurde 1825 von dem Kaufmann Westerode aus Münster wiederaufgebaut und als Schleifwerk für Solinger Stahlwaren genutzt. 1850 ist die Anlage zur Kornmühle zurückgebaut und 1914 von Schulze Hauling übernommen worden, der bis 1956 Lohnmahlungen durchführen ließ. Letzter Müller war Herr Weckermann.

Das oberschlächtige Mühlenrad wird vom jetzigen Eigentümer der zu einem Wohnhaus umgebauten Mühle zur Stromerzeugung für den Eigenbedarf genutzt.

58 *Die Wassermühle Schulze Hauling in Stevern*

Ein weiterer Stau für die sich durch Waldstücke und Wiesengrund des stillen Tales schlängelnde Stever ist die Anlage auf dem Schulzenhof, der heute Eigentum des Schulzen Hauling ist.

Die Wassermühle wurde 1920 auf Turbinenantrieb umgestellt. Die Reste der alten Wassermühlenanlage sind noch heute zu sehen. Die Stauanlagen dienen im wesentlichen zum Flößen der zum Hof gehörenden Wiesen und Weiden.

Die einem Herrensitz gleichende Hofanlage wurde 1217 von dem Edlen Jonathas de Ardeia dem Agidiikloster in Münster übertragen. Durch die Regelung der gutsherrlich-bäuerlichen Verhältnisse im preußischen Gesetz von 1825 kam das Eigentum an der Hofanlage auf den Schulten Bölling. Um 1900 war Schulze Schenking Herr auf dem Hof, welcher dann durch Einheirat auf Schulze Hauling überging.

Das Wasserrad Frye im Stevertal.

59 *Das Wasserrad beim Hof Frye*

Wer vom Hof Schulte Hauling weiter der Stever folgt, trifft nach einigen hundert Metern ein unterschlächtig beaufschlagtes Wasserrad. Dieses „Mühlrad“ hat jedoch nie eine Mühle angetrieben, sondern diente dem Hof als Antrieb von Arbeitsmaschinen wie Kreissäge, Dreschkasten und anderen Geräten. Bevor es den elektrischen Stromanschluß gab, hatten andere Bauern dafür auf dem Hof einen Pferdegöpel.

60 *Das Haus Merfeld und seine Mühlen*

Die Obermühle liegt am Kottenbrocksbach oberhalb des Herrenhauses beim Hof Gerding (heute Espeter). Die Anlage bestand aus einer Korn- und einer Ölmühle. Letztere ist schon um die Jahrhundertwende stillgesetzt und abgerissen worden. Die Kornmühle hat noch bis 1962 Lohnmahlungen durchgeführt, dann war auch ihre Zeit vorbei.

Die Kornmühle wird jetzt als Wohnung genutzt und ist nicht zu besichtigen. Nur noch das maßlich schöne Mühlengebäude, zwei aufgestellte Mühlsteine und ein kleines, sich lustig drehendes Mühlrad erinnern an die ehemalige Mühlenherrlichkeit.

Von der Untermühle an der Zufahrt zum Herrenhaus gibt es nur noch den Mühlenteich, sonst erinnert nichts mehr an die ehemalige Doppelmühle, die ebenfalls noch bis in die 50er Jahre Lohnmahlungen ausführte.

Das Rittergut Merfeld wird bereits 880 im Heberegister des Klosters Werden aufgeführt. 1169 hatte

Die Obermühle Haus Merfeld vor dem Umbau zum Wohnhaus.

Das alte oberschlächtige Mühlenrad an der Obermühle.

es ein Ministerialer des Bischofs von Münster (Hendricus von Merveldt) zu Lehen. 1836 erwarb die Güterverwaltung des Herzogs von Croy das Rittergut.

61 *Die Wassermühle Schulze Berning in Börnste*

Der Schulzenhof Berning ist ein alter Gräftenhof an der Straße von Dülmen nach Merfeld.

Die Wassermühle, die zum Hof gehörte, hat noch bis 1958 Lohnmahlungen durchgeführt und wurde dann stillgesetzt. Das alte Mühlengebäude und der Mühlenteich werden heute von einem Pächter als Fischzuchtanstalt genutzt. Der vor dem ehemaligen Mühlengebäude aufgestellte Mühlenstein erinnert noch an die große Zeit der Mühle.

Im Mittelalter war der Hof (curte to Berdinch) Eigentum des Bischofs von Münster und dem Richthof zu Dülmen zugeteilt. Nach einer Urkunde aus dem Jahre 1370 gehörten die Abgaben dieses Hofes mit der Mühle zu den Vergütungen der Burgmannen der Landesburg Haus Dülmen. 1574 sagte der damalige Schulze Berning nach einer Urkunde aus, daß er mit seiner Familie dem bischöflichen Amtshof in Dülmen hofhörig sei. Im Zuge der Stein-Hardenbergschen Reform wurde der Hof nach Zahlung einer Ablösesumme 1831 Eigentum der Familie Schulze Berning.

Wassermühle Schulze Berning (jetzt Fischzuchtanstalt).

62 *Die Klostermühle Karthaus in Weddern*

Das Kloster gibt es seit der Säkularisation zur Zeit Napoleons nicht mehr, aber die Wassermühle, als Doppelanlage mit Kornmühle und Ölmühle angelegt, hat noch bis 1958 Lohnmahlungen für die umliegenden Bauernhöfe durchgeführt. Dann wurde der Betrieb stillgesetzt und die Mühlengebäude zur Nutzung als Wohnung umgebaut. Ein Teil der Technik ist noch vorhanden. Bereits Anno 900 wird der Grundbesitz Karthaus im Heberegister des Klosters Werden aufgeführt. Im Jahre 1170 erhielt ein Ministerialer des Bischofs von Münster, der Ritter von Wederden, das Rittergut, zu dem 68 Bauernhöfe und Kotten gehörten, zu Lehen.

1476 wurde das Rittergut dem Karthäuserorden übertragen und ein Kloster gebaut. Das Kloster auf dem Burggelände war mit einer doppelten Gräfte umgeben, die von dem Karthäuser Mühlenbach gespeist wurde. Die Mühlenanlage stand außerhalb des Klosters am Stauwerk zum Bachlauf. Da die Karthäuser nach ihrer Ordensregel nur Fisch und kein Fleisch aßen, erweiterten sie die vorhandenen Wasserflächen von Mühlenteich und Gräften um zwei weitere Fischteiche.

1803 wurde das Kloster aufgehoben und das Klostergut den Entschädigungen des Herzogs von Croy zugeschlagen, die er für die linksrheinisch erlittenen Gebietsverluste erhielt.

Klostermühle Karthaus.

63 *Die Wassermühle Schulze Limbergen in Limbergen*

Die zum Hof gehörige Wassermühle mit einem großen Mühlenteich ist noch vorhanden. Seit 1963 ist das oberschlächtig betriebene, hölzerne Mühlenrad abgebaut. 4,50 m betrug das nutzbare Gefälle. Die früher vorhandenen Mahlgänge sind ausgebaut und durch eine Schlagmühle zum Schroten von Viehfutter ersetzt. Seit dem Abbau des Mühlenrades arbeitet der Betrieb mit dem Antrieb durch eine Wasserturbine.

Bis 1958 war die Mühle an einen Müller verpachtet, der Lohnmahlungen für die umliegenden Bauern durchführte, jetzt arbeitet die Mühle nur noch für den Eigenbedarf des Hofes.

Bei vollem Mühlenteich leistete das alte hölzerne Wasserrad etwa 18 PS bei einer Mahlleistung von sechs Zentnern in der Stunde. Mit dem Absinken des Wasserspiegels ging die Leistung auf zwei Zentner pro Stunde zurück. Dann wurde die Mühle abgestellt, bis sich wieder genügend Wasser angesammelt hatte.

64 *Die Mühle Schulte Waltering in Rödder*

Im Mittelalter war der Schultenhof in Rödder Eigentum des Fürstbischofs in Münster, der die Rente aus dem Anwesen dem jeweiligen Burggrafen der Landesburg Rechede überließ. 1260 verzichtete Burggraf Godfried von Rechede auf dieses Einkommen zugunsten des Doms in Münster. 1631 wird der Hof im Register des Klosters St. Aegidii aufgeführt. Der aufsitzende Erbpächter führt seit dieser Zeit den Schulzentitel. Durch die Stein-Hardenbergsche Reform im vorigen Jahrhundert kam der Hof nach Zahlung einer Ablösesumme in das Eigentum der Familie Schulte Waltering, und durch Einheirat ist heute Schulte Schlautmann Hausherr.

Die zum Hof gehörende Wassermühle am Kleuterbach ist technisch noch voll eingerichtet. Das mittelschlächtig beaufschlagte Mühlenrad ist 4,20 m im Durchmesser groß und 80 cm breit. Bis 1954 hat die Mühle noch Lohnmahlungen durchgeführt. Als jedoch die Bauernschaft 1960 an die Stromversorgung angeschlossen wurde und die elektrischen Schlagmühlen aufkamen, war die Zeit der Lohnmahlungen vorbei. Seitdem steht die Mühle still.

65 *Die Wassermühle Haus Groß-Schonebeck bei Senden*

Diese Wassermühle gehört zu einer der ältesten münsterländischen Wasserburgen. Sie soll schon um 900 erbaut worden sein. Genaue Unterlagen fehlen.

Im 12. Jahrhundert wurde Groß-Schonebeck von den Rittern von Schonebeck bewohnt. In der Zeit der Fehden wurden diese mehrfach vom Landesherrn in Münster, Fürstbischof Gerhard, Graf von der Mark (1262–1272), wegen Störung des Landfriedens mit Bußen belegt. 1270 wurde die Burganlage zerstört. Im Jahre 1398 übernahm der Fürstbischof Otto IV., Graf von Hoya (1392–1424), das Rittergut Groß-Schonebeck und machte die nach der Zerstörung wieder aufgebaute Wasserburg zu einem münsterischen Amtssitz (Gerichtshaus).

Die vorhandene Wassermühle wurde im Jahre 1535 durch Hand- und Spanndienste höriger Bauern wieder aufgebaut. Nach der Säkularisation des kirchlichen Grundeigentums kam das Rittergut 1815 an die Familie des ehemaligen Reichspostmeisters von Hamm. Im Jahre 1832 kaufte der Herzog von Croy den Grundbesitz mit Burg und Wassermühle, zu der ein Schrotgang und ein Büdelgang für Backmehl gehörten.

Im Jahre 1911 wurde die Wassermühle auf Turbinenantrieb umgestellt. Die Anlage soll noch betriebsbereit sein.

Ehemalige Schloßmühle Senden (Wortbachmühle).

66 *Das Schloß Senden und die Wortbachmühle*

Wer sich an Hand der Wanderkarte über die Mühlen im Stevertal orientiert und ihnen nachwandert, findet auf der Karte am Ausgang von Senden, an der Straße nach Hiddingsel, das kleine Wasserrädchen als Kartenzeichen für eine Wassermühle. Es handelt sich um die ehemalige Wortbachmühle, die zum Schloß Senden gehört. Eigentümer ist der Freiherr Mauritius Droste zu Senden. Die Wassermühle wurde bereits vor einigen Jahrzehnten stillgelegt. Das hölzerne Mühlenrad ist seit langem abgebaut. Das sehr schöne mittelalterliche Mühlengebäude ist heute ein freundliches Wohnhaus.

Das alte Schloß und die historische Mühle haben eine lange, gemeinsame Geschichte. Hervorgegangen ist die Anlage aus einem sächsischen Oberhof, der vermutlich von einem chaukischen Edeling besetzt war. Dieser Tributhof gehörte zur Ausstattung des Klosters Werden an der Ruhr. Im Heberegister des Klosters wird diese Oberhofanlage 880 als „curtis Sendianer" aufgeführt.

Im Jahre 980 tauschte der Bischof von Münster, Dodo (972–993), diese Anlage gegen andere Grundliegenschaften ein und machte sie zu einem münsterischen Amtshof.

In der Zeit von 1150 bis 1200 wurde der ehemalige Gräftenhof zu einer Wasserburg umgebaut. Man darf annehmen, daß spätestens in dieser Zeit

Wassermühle Schulte Waltering.

auch die erste zu Haus Senden gehörende Wassermühle erbaut wurde.

Es ist beabsichtigt, die leeren Gräften durch Stauwasser der Stever wieder zu füllen und der Wortbachmühle ein Mühlenrad anzubauen.

67 *Die Große Teichsmühle*

Eigentlich müßte diese Wassermühle „Burgmühle“ heißen, denn sie gehörte als Amtsmühle zur Landesburg „hues to dulmene“, die Bischof Burkhardt von Münster 1115 bis 1117 zum Schutz des Lippeüberganges an der Landesgrenze in Haltern und zum Schutze des Hellweges nach Münster bauen ließ.

Besetzt war diese Wasserburg mit einem Burggrafen und mehreren Burgmannen (Burgritter). Die Abgaben von 27 Bauernhöfen standen der Burgbesatzung als Einkommen zur Verfügung. Dem Burggrafen gehörten außerdem die Einkünfte aus der Mühle. Diese waren nicht unbedeutend, denn die Anlage bestand aus der Kornmühle mit fünf Mahlgängen bei 1,60 m Steindurchmesser und der Ölmühle. Einige Jahrzehnte hatten die Gewandmacher die Ölmühle gepachtet und zur Walkmühle umgestellt.

Im Zuge der Säkularisation nach 1803 kam die bischöfliche Mühle in Privatbesitz. Im Jahre 1898 kaufte der Wasser- und Bodenverband dem letzten Müller Bernhard Bügelmann das Staurecht am Heubach ab und beseitigte den zu hohen Stau soweit als nötig.

Damit war die Mühlenherrlichkeit zu Ende. Das Müllerhaus wurde ein beliebtes Ausflugsziel, zu dem heute ein gut gehendes Restaurant und Landhotel gehören. Die Gebäude der Öl- und Kornmühle vor dem Wehr sind zu Ferienhäusern umgebaut.

In einer alten Scherzfrage heißt es: „Warum nistet niemals ein Storch auf einer Mühle?“ Antwort: „Weil der Storch Angst hat, der Müller würde die Eier aus dem Nest stehlen!“

Die Bügelmanns müssen gute und ehrliche Müller gewesen sein, denn nachweislich nistete bis 1869 jährlich ein Storchenpaar auf dem Müllerhaus.

68 *Die Daldruper Mühle bei Dülmen*

Die Kappenwindmühle in der Bauernschaft Daldrup gehört zu dem ehemaligen Schulzenhof Niehoff und ist das Markenzeichen für die von der Brennerei erzeugten Kornbranntweine geworden.

Urkundlich wird die Hofanlage zuerst 1288 genannt, als der Ritter Gerhard von Bermentfelde das Anwesen an die Deutschordens-Commende in Münster verkaufte.

Die Windmühle in Daldrup bei Dülmen ist das Firmenzeichen der Kornbrennerei Niehoff.

Die Windmühle wurde 1830 erbaut und um die Jahrhundertwende auf Dampfkraft umgestellt. Seitdem stehen die Windmühlenflügel und das hölzerne Getriebe still.

Mit Hilfe des Amtes für Denkmalpflege in Münster wurden im Jahre 1959 die Kappe repariert und die Windmühlenflügel erneuert.

69 *Die Wassermühle Haus Kakesbeck*

Haus Kakesbeck ist eine Wasserburg an der Stever. Vor der Zufahrt zur Burg liegt eine Mühlendoppelanlage mit Ölmühle und Kornmühle. Die Kornmühle hat noch bis Anfang der 50er Jahre gearbeitet, dann gab der letzte Pächter, Müllermei-

Die Mühlenanlage von „Haus Kakesbeck“.

ster Theodor Bolte, den Betrieb auf. Das Mahlen und Schroten war nicht mehr wirtschaftlich, da die Bauern der Umgebung ihre Gebäude an das elektrische Stromnetz angeschlossen hatten und ihr Viehfutterschrot auf elektrischen Schlagmühlen selbst herstellten.

Das Rittergut Kakesbeck ist im Heberegister des Klosters Werden aus dem Jahre 880 als „curtis kakeresbecki" mit 66 dazugehörenden Bauernhöfen aufgeführt.

Wann die Wassermühle angelegt wurde, ist nicht bekannt. Im Jahre 1341 übereignete aus Zweckmäßigkeitsgründen Albert Droste zu Kakesbeck sein

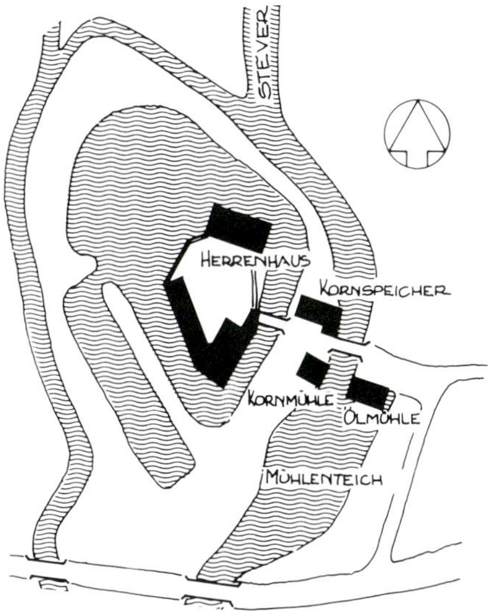

Lageplan der Wasserburg „Haus Kakesbeck" mit den Wassermühlen. ▷

Die große Teichsmühle bei Hausdülmen.

Rittergut dem Fürstbischof zu Münster und erhielt es als Lehen zurück. Dadurch wurde die Wasserburg Kakesbeck für den Landherrn offenes Haus und Stützpunkt. Nach mehrfachem Besitzwechsel übernahm 1738 Freiherr Erbdroste zu Vischering das Rittergut Kakesbeck. Um 1980 ging das Gut in den Besitz von Dr. Grewing über. Er begann mit der sehr aufwendigen Restaurierung von Burg- und Mühlenanlage.

70 *Feldmanns Mühle in Ottmarsbocholt*

Die Feldmannsmühle erstand 1856 als massive Galeriewindmühle. Sie hat bis 1929 auf einem Schrotgang und einem Mehlgang mit Windkraft gemahlen. Danach wurde ein Dieselmotor als Antrieb vorgeschaltet und 1942 der Anschluß an das elektrische Stromnetz als Energiegeber vorgezogen.

Bis 1963 wurden Lohnmahlungen durchgeführt, dann sind die Anlagen stillgelegt worden. Der letzte Müller war Herr Feldmann. Seine Familie hatte die Mühle seit 1897 in Pacht und übernahm sie nach dem Krieg zu Eigentum.

Vor einigen Jahren kaufte ein Zahnarzt die Mühle und baute sie zu einem sehr ansehnlichen Wohnhaus um. Das äußere Mauerwerk der Mühle ist in strahlendem Weiß gestrichen, die Kappe mit den

Windmühlenflügeln sorgfältig renoviert, so daß die Feldmannsche Windmühle nicht nur ein gutes Schauobjekt, sondern auch das Wahrzeichen von Ottmarsbocholt blieb.

Burg Vischering mit der Wassermühle. Lithographie von Philipp Herle.

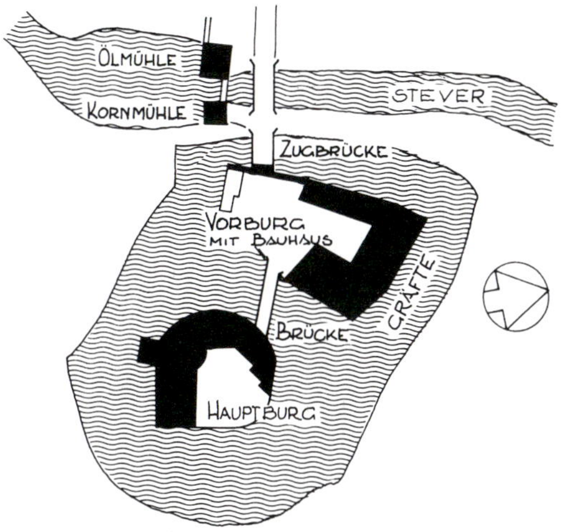

Lageplan Wasserburg Vischering mit den beiden Mühlen.

71 *Die Wassermühle der Burg Vischering*

Im Jahre 1271 ließ der Bischof von Münster, Graf von der Mark, in Lüdinghausen eine Landesburg errichten, um den Landfrieden zu sichern.

Burg Vischering in Lüdinghausen ist sicher eine der schönsten erhaltenen Wasserburgen des Münsterlandes. Vor der ersten Zugbrücke zur Vorburg mit dem Bauhaus lag am Wehr in der Stever eine Doppelmühlenanlage. Um die Jahrhundertwende wurde die Ölmühle stillgelegt und später abgebrochen. Die Kornmühle hat noch im Krieg Lohnmahlungen für die Bauern der Umgebung durchgeführt, wurde dann aber im letzten Kriegsjahr 1944 von Bomben getroffen und vollständig zerstört.

Die Borgmühle in Lüdinghausen.

72 *Die Borgmühle in Lüdinghausen*

Die zur Burg Lüdinghausen gehörende Borgmühle an der Stever bildet mit dem sich lustig drehenden Mühlenrad und den gut gestalteten Uferanlagen einen auf jeden Besucher der Stadt Lüdinghausen wirkenden Blickfang und ist für Fotofreunde ein beliebtes Objekt.

Die bereits um das Jahr 920 befestigte Burg Lüdinghausen ist die älteste der drei Wasserburgen in der Stadt. Sie ist die letzte, von der noch die Burgmühle besteht.

Lüdinghausen und die Burgen waren Kircheneigentum. Der Oberhof, auf dem sie entstanden sind, wird bereits 880 im Heberegister des Klosters Werden aufgeführt.

1803 wurde das Kircheneigentum in Lüdinghausen preußisch. Die Domänenverwaltung verkaufte die Borgmühle. 1947 erwarb sie der Müller Wilms, setzte sie aber nach wenigen Jahren still. Heute wird das Mühlengebäude als Geschäftshaus genutzt.

73 *Die Füchtelner Mühle*

Die an der Straße von Olfen nach Haltern liegende Wassermühle war mit Korn- und Ölmühle eine der typisch münsterländischen Doppelanlagen. Sie gehörte früher zur Wasserburg „Haus Füchteln", die Eigentum des Bischofs von Münster war und den Rittern von Kukelshem zu Lehen gegeben wurde.

Die Füchtelner Mühle vom Mühlenkolk aus gesehen.

Im Jahre 1305 ließ Bischof Otto, Graf von Rietberg, diese an der Stever gelegene Wassermühle neu erbauen und als Bischofsmühle betreiben.

Die Ölmühle wurde um die Jahrhundertwende in ein Sägewerk umgewandelt. Bis in die 50er Jahre haben sowohl die Kornmühle als auch das Sägewerk noch mit der von Mühlrädern weitergegebenen Wasserkraft gearbeitet. Im Zuge des Ausbaues der Stever als Zubringer zum Halterner Stausee übernahm das Wasserwerk Gelsenkirchen sowohl das Staurecht als auch die Mühlenanlage und reduzierte die störende Stauhöhe. Damit lag die Mühlenanlage still.

Die Füchtelner Mühle und das in unmittelbarer Nähe liegende Landgasthaus gleichen Namens sind noch heute beliebte Ausflugsziele.

74 *Die „Alte Wassermühle" bei Nordkirchen*

Die Wassermühle gehörte von altersher zum Gut des Haupthofes Nordkirchen, der schon 880 im Heberegister des Klosters Werden aufgeführt wurde.

Über die Erstanlage der Wassermühle gibt es keine urkundliche Erwähnung. Da aber nach Schwieters Dorf und Kirche Nordkirchen um 1030 entstanden sind und auch die Erdhügelburg am Gorbach oberhalb der Mühle als Teil des Haupthofes bestanden haben muß, kann man die Erstanlage der alten Wassermühle in diese Zeit einordnen. Dafür spricht ebenfalls die Eindeichung des Mühlenbaches zwischen der Mühle und der Motte.

Die „Alte Wassermühle" bei Nordkirchen wird heute als Wohnhaus genutzt.

Vom Kloster Werden kam das Rittergut Nordkirchen an den Bischof von Münster. Im 13. Jahrhundert waren die Herren von Morrien Lehnsnehmer; Anfang des 14. Jahrhunderts wurden sie Inhaber des Erbmarschallamtes am bischöflichen Hof zu Münster. 1398 bauten sie an der Stelle des heutigen Schlosses ein festes Haus, das auch für den Bischof von Münster „offen" war. 1528 begann Gerhard von Morrien mit dem Neubau einer Wasserburg und verlagerte zu diesem Zweck das alte, zu nahe gelegene Dorf an die heutige Stelle.

1694 erwarb der baufreudige Fürstbischof von Münster, F. Chr. von Plettenberg, die Wasserburganlage Nordkirchen und ließ die Gebäude abreißen. Er beauftragte den berühmten Baumeister G. L. Pictorius mit der Erstellung eines Schlosses im damals üblichen niederländischen Barock. 1725 vollendete J. C. Schlaun die oft mit Versailles verglichene Schloßanlage.

Die Mühle hat das Schicksal der Wasserburg und des Schlosses miterlebt. Bis 1870 hat die Wassermühle mit drei Mühlenrädern von 4,50 m Durchmesser und 1 m Breite auf den dazugehörigen Mahlgängen geschrotet und gemahlen. Auch eine Ölmühle gehörte zur Anlage.

Vor einigen Jahren erhielt der Architekt Dipl.-Ing. Heinz Barlage den Auftrag, die alte Mühle bei Beachtung aller denkmalpflegerischen Auflagen zu einem ansprechenden Wohnhaus umzugestalten. Nach der Bestandsaufnahme bestand das Gebäude aus dem eigentlichen Mühlenteil mit schweren, auf Pfahlrosten gegründeten Fundamenten und dem Wohnhausteil. Eine Altersbestimmung der verwendeten Hölzer ergab für das Gebäude: Eichenholz mit Fälldatum um 1630, für den durchgehenden Balken auf dem Pfahlrost unter den Fundamenten im Grundwasserbereich ein Fälldatum von 1545. Ein Zeichen, daß die Mühle mehrfach zerstört und von Grund auf renoviert werden mußte.

Die Energie des wieder angebrachten Mühlrades betreibt einen Wärmetauscher für die Fußbodenheizung des Wohnhauses, der außerdem Warmwasser aufbereitet.

75 *Die Brüggemühle in Herbern-Anrup*

Die Brüggemühle gehörte früher zum Rittergut Brügge und hat davon ihren Namen. Sie liegt am Emmerbach in Anrup.

Die Mühle wurde von zwei oberschlächtigen Wasserrädern angetrieben. Auf einem Schrot- und einem Weizengang sind bis 1963 Lohnmahlungen durchgeführt worden.

Durch den Bau der Autobahn A 1 mußte der Bauer Niesmann auf sein Staurecht für die Mühle verzichten. Die Wassermühle wurde stillgelegt und der Mühlenteich zugeschüttet. So ist die Mühle seit 1963 nicht mehr in Betrieb, jedoch nach einer Renovierung im Jahre 1983 noch gut intakt.

Das Baujahr der Mühle ist nicht bekannt, dürfte aber, wie bei den meisten Adelsmühlen, im 13. Jahrhundert liegen. Sie ist auf Eichenpfählen gegründet. Erstmals erwähnt wird die Brüggemühle in einer Urkunde aus dem Jahre 1510.

Bis vor einigen Jahren gehörte zur Kornmühle auch noch eine Ölmühle.

Das Rittergut Brügge mit der Wassermühle und der Wasserburg ist aus einem Haupthof aus karolingischer Zeit entstanden. Nach einer Urkunde aus dem Jahre 890 schenkte der Bischof von Verden, ein Urenkel des Sachsenherzogs Widukind, diesen Haupthof seinem Domkapitel. Das Gut kam 1299 an das Stift Cappenberg.

Die Wassermühle wurde von einem Erbpächter betrieben. 1783 heiratete der Müllermeister Niesmann in diese Erbpächterfamilie ein. Seitdem blieb die Mühle in Familienbesitz. 1917 kaufte der Großvater des heutigen Besitzers und Eigentümers Niesmann das Mühlenanwesen mit allen Nebengebäuden und Ländereien von der Fürstenberg-Hendringschen Güterverwaltung.

Einige technische Angaben zur Mühle: Nutzbare Stauhöhe vor Bau der Autobahn = 1,80 m (lt. Wasserbuch). Die noch vorhandenen zwei Mühlräder sind Metallkonstruktionen, 2,10 m hoch und 1,15 m breit. Ziel des Eigentümers Niesmann ist es, die Mühlräder wie früher in der schöneren Holzkonstruktion zu bekommen. Die Mühlsteine haben einen Durchmesser von 1,40 m. Die Leistung des Weizenmahlganges betrug 1 Doppelzentner pro Stunde, die Leistung des Mahlganges für Backschrot 2 Doppelzentner.

Ab 1914 wurde mit der Wasserkraft des Mühlrades auch Beleuchtungsstrom für das Haus erzeugt. Seit dem Anschluß an das VEW-Stromnetz im Jahre 1946 wird darauf verzichtet.

Die Brüggemühle im Jahre 1932 (Familienfoto).

Am Mühlbach

Hier am Mühlbach laß uns sitzen
unter diesen alten Linden.
Überm Mühlbach stürzt das Wasser,
hörst du's drüben weiter rauschen?
Und des Müllers schöne Tochter
seh ich dort am Fenster lauschen.
Unschuld wohnt auf ihrer Stirne,
in den Augen Treu und Milde;
Sie betrachtet mich und freut sich
an der Landschaft schönem Bilde.

Es erwärmen viele Länder
weit und breit der Sonne Gluten;
Scheint die Sonne doch gleich freundlich
auf die Bösen wie die Guten!
Ist mir doch, als hört' das Mühlrad
ich die Worte deutlich sprechen:
„Neulich hört' ein junges Herz ich
unter mir im Wasser brechen!"

Hans Christian Andersen

Stadtkreis Münster

76 *Die Bockwindmühle im Mühlenhof*

Zum Aufbau des Freilichtmuseums am Aasee in Münster schenkte der Bauer Raming-Frese aus Oberlangen bei Lethen im Hümmling den Münsteranern und dem „Baumeester vom Mühlenhof", Theo Breider, die auf seinem Hof stehende Bockwindmühle.

Eingeschnitzt im Steinbalken trägt sie die Jahreszahl 1748 als Baujahr. Nach anderen Quellen soll die Mühle jedoch wesentlich älter sein.

Die Bockwindmühle wurde das Herzstück des Freilichtmuseums und gab ihm den Namen. Im Jahre 1986 ergab eine gründliche Untersuchung der Konstruktionshölzer die dringende Notwendigkeit einer Restaurierung, die vom Mühlenhof-Freundeskreis auch sofort in Auftrag gegeben wurde und inzwischen durchgeführt ist.

Die Coerdemühle in Münster (Modell)

Diese historische Wassermühle an der Aa gehörte zu Haus Coerde, einem alten Adelssitz, der vermutlich schon zu sächsischer Zeit ein Oberhof war und zu fränkischer Zeit Sitz eines Edelings blieb.

Eine erste urkundliche Erwähnung des Hauses Coerde stammt aus dem Jahre 1022. Im Jahre 1123 wird die Grundherrschaft Coerde von Kaiser Heinrich V. als Besitz des Stiftes Cappenberg bestätigt.

Über das Baujahr der Erstanlage der Coerdemühle gibt es keine Unterlagen. Es ist durchaus möglich, daß das Haus Coerde bereits zu den Oberhöfen im Münsterland gehörte, für die Karl der Große in seinem „Capitulare de villis" von 794 eine Wassermühlenanlage vorschrieb.

Die Coerdermühle ist mehrfach zerstört und wiederaufgebaut worden. Das den alten Münsteranern so vertraute Bild, das Fachwerkgebäude der Coerdemühle, wurde in der Barockzeit auf bestehenden Fundamenten mit Pfahlrostgründung errichtet.

In den 20er Jahren plante die Stadt Münster die Aa-Regulierung, um die Hochwasserschäden zu verringern. 1928 erwarb sie zur Durchführung dieser Maßnahme von dem Eigentümer des Hauses Coerde das Staurecht, um den zu hohen Stau niedriger halten zu können. Außerdem kaufte die Stadtverwaltung das Mühlengebäude und den Grund und Boden.

Einige Jahre hat die Coerdemühle noch als Pachtmühle gearbeitet, sie wurde jedoch schon vor dem Krieg stillgelegt. Zur Beseitigung von Kriegsschäden „besorgten" sich die Münsteraner Dachziegel und Konstruktionshölzer. So wurde das von allen verlassene Kulturdenkmal baufällig, fiel am 10. Juni 1947 zusammen und stürzte in den Mühlenkolk.

Um die Erinnerung an die allen älteren Münsteranern so vertraute Coerdemühle zu erhalten, fertigte der nach Kinderhaus zugezogene Müllermeister Josef Wilde aus Billerbeck in seiner Freizeit das Mühlenmodell an und stellte dieses von November bis Dezember 1986 im Bürgerhaus anläßlich der Ausstellung „Kinderhaus im Mittelalter" aus.

77 *Die Havichhorster Mühle an der Werse*

Die Havichhorster Mühle gehört zum Haus Havichhorst und liegt an der Werse, nicht weit von der alten Wallburg Haskenau, wo die Werse in die Ems mündet.

Zum ersten Mal wird Haus Havichhorst in einer Urkunde 1032 erwähnt. Die Havichhorster Mühle erscheint erstmals in einer Urkunde des Bischofs Ludwig II. von 1318.

Das Gut war ursprünglich Eigentum des Bischofs von Münster, der es später dem Domdechanten überließ. Verwaltet wurde das Gut mit der Mühle von einem bischöflichen „Villicus", dem Schulten to Havichhorst.

Modell der Coerdemühle von Müllermeister Josef Wilde.

Die Bockwindmühle im Freilichtmuseum „Mühlenhof“ in Münster.

In der Wiedertäuferzeit stellte sich dieser Gefolgsmann des Bischofs auf die Seite der Anabaptisten und verlor dadurch nach dem Sieg der bischöflichen Seite seine Erbpacht. „... de Schulte to Havichhorst hef sick von sinen schonen Erve gegiven ..." heißt es in zeitgenössischen Berichten aus dem Jahre 1546. Die Kinder haben Gnade vor den Augen des Bischofs gefunden, denn die „Havichhorsts" sind als Erbpächter des Schultenhofes in alten Akten registriert und bis zum Jahre 1774 nachzuweisen.

Nach der Säkularisation kam das Gut mit der Mühle an die preußische Domänenverwaltung und ging durch Kauf 1831 in den Besitz des damaligen Pächters Franz Joseph Hovestadt über.

Die Havichhorster Mühle hat mit Mühlenrädern bis 1880 gearbeitet und ist dann auf Turbine umgerüstet worden. Bis 1965 wurde in dieser Mühle noch mit Wasserkraft der Turbine gemahlen und geschrotet; dann mußte aus wirtschaftlichen Überlegungen die Anlage stillgesetzt werden. Seit Jahren haben Umweltschützer bedauert, daß das Wasser der Werse an der Havichhorster Mühle nutzlos über das Wehr strömt und nicht zur alternativen Stromerzeugung herangezogen wird.

Die Stadtwerke Münster haben diese Anregung aufgegriffen und die Nutzung des Staurechtes von Herrn Hovestadt als Eigentümer der Mühlenanlage vertraglich zugesichert bekommen.

Mit einer Werbung in der Presse informierten die Stadtwerke die münsterischen Bürger:

„Wir denken nicht nur, wir handeln! – Ein Beispiel aus der jüngsten Vergangenheit: Die Havichhorster Mühle. Sie ist seit dem 28. Oktober 1988 wieder in Betrieb und speist seitdem Strom in das öffentliche Stromnetz von Münster ein.

Das ist mit einem Anteil von 0,05 Prozent an Münsters Stromverbrauch zugegeben nicht viel. Es zeigt aber doch, welch sinnvolle Möglichkeiten es gibt, wenn man konsequent in Alternativen denkt. Zum Schutz unserer Umwelt. Und zum noch behutsameren Umgang mit unseren wertvollen Energievorräten wie Kohle, Erdgas und Erdöl.

Wenn Sie also jetzt abends das Licht anschalten – vielleicht kommt der Strom gerade aus der Havichhorster Mühle. Und wenn Sie mehr darüber erfahren wollen, dann laden wir Sie gern zu einem Besuch der Havichhorster Mühle ein. Rufen Sie doch einfach unter (02 51) 694-280 an, ob Sie mitkommen."

Die Havichhorster Mühle.

Die Hovestadtmühle in Sudmühle bei Münster betreibt zehn Walzenstühle noch heute mit Wasserkraft.

78 *Die Sudmühle (Hovestadtmühle) an der Werse*

Die Sudmühle an der Werse im Außenbezirk von Münster ist urkundlich seit dem 12. Jahrhundert nachweisbar. Sie gehörte dem Bischof von Münster.

Im 16. Jahrhundert hatten die Wüllner von Münster mit dem Pächter der bischöflichen Walkmühle zu Telgte einen Vertrag zur Benutzung der Walkanlage. Darüber gab es Streitigkeiten, und der Bischof von Münster erlaubte dem Wüllneramt von Münster, eine Walkmühle an der bischöflichen Sutmühle (Sudmühle) zu bauen. Diese entstand 1552.

Am 30. September 1828, so ist es urkundlich festgehalten, wurde die Pleistermühle vom Freiherrn von Kerkerinck-Borg verkauft. Im Grundbuch dazu steht: „Da die Holzfloßen, welche an der Pleistermühle durchgelassen werden, auch die dem Freiherrn gehörende Sutmühle passieren müssen, muß der Besitzer der Pleistermühle das erforderliche Wasser nachschicken . . . “

Ende des Jahrhunderts übernahm die Familie Hovestadt die Sudmühle und legte 1880 die Mühlenräder still. Schließlich wurde die Mühle zu einer Mittelmühle mit zehn Doppelwalzenstühlen umgebaut. Die Mühlenräder wurden ausgebaut und dafür zwei Francisturbinen mit 20 bzw. 30 PS installiert.

Die Sudmühle gehört mit 100 t Roggen-/Weizenmehl täglich zu den leistungsfähigsten Mittelmühlen des Münsterlandes. Sie ist die einzige, die diese Leistung mit Hilfe der Wasserkraft von Turbinen bringt. Die Stromspitzen, die bei Wassermangel nicht gedeckt werden, können dem zusätzlichen Netzanschluß entnommen werden.

79 *Die Pleistermühle*

Wohl den meisten Münsteranern ist die in der Landgemeinde St. Mauritz am Prozessionsweg von Münster nach Telgte liegende Pleistermühle an der Werse als beliebtes Ausflugziel bekannt.

Von altersher gehörte die Pleistermühle zum Pleisterhof, der jahrhundertelang Eigentum des Bischofs von Münster war. Als „curtis Blasheri“ wird dieser vermutlich schon aus karolingischer Zeit stammende Haupthof bereits 1032 urkundlich erwähnt.

Aus einer anderen Urkunde von 1282 wissen wir von den Rittern de Blashere, die das Rittergut als Ministerielle des Bischofs zu Lehen hatten. 1320 wird in einer Urkunde aufgeführt, daß das Kapitel von St. Ludgeri zu Münster aus der „molendium quondam Johannis de Bleshere“ eine Rente bezog. Damit ist zum erstenmal die zum Rittergut gehörende Wassermühle bezeugt, obwohl sie vermutlich wesentlich früher gebaut wurde. Im Laufe der Zeit änderte sich der Name „Bleshere“ in „Bleister“ und schließlich in „Pleister“.

Im 15. Jahrhundert hatten die Herren von Kerkerinck das „curtis to Bleister“ zu Lehen, das später auf die Herren von Kerkerinck-Borg überging. Der Pleisterhof wurde von da an von einem Eigenhörigen als Villicus (Schulze) geführt. Das Adelsgeschlecht von Kerkerinck-Borg blieb jedoch Lehnsnehmer des Bischofs und erhielt den Schulzenhof Pleister mit der Mühle durch die Säkularisation 1803 zu Eigentum. Im Rahmen der Steinschen Reform übergab von Kerkerinck-Borg gegen eine Ablösesumme den Pleisterhof dem aufsitzenden Schulten.

Die Pleistermühle wurde vom Hof getrennt und vom Freiherrn Kerkerinck-Borg gegen eine Ablösesumme dem Müller Kaspar Klaas am 23. September 1828 vertraglich übertragen.

Das Müller-Wohnhaus gehörte nicht mehr dazu und war bereits 1790 durch Erbteilung abgetrennt worden. Hundert Jahre später wurde das ehemalige Müllerhaus in eine Gastwirtschaft umgewandelt. Als besondere Attraktion für die Gäste verkehrte von 1894 bis 1895 ein Dampfboot auf der Werse zwischen Pleistermühle und Sudmühle.

Zu Beginn des 20. Jahrhunderts wurde der Gutsbesitzer Overesch zu Große-Bracht Eigentümer der Wassermühle. Er ließ die unrentabel gewordene Ölmühle in ein Sägewerk umwandeln und die Antriebsenergie statt von Mühlrädern von einer leistungsfähigen 35-PS-Wasserturbine übernehmen.

In der Kornmühle führte der letzte Müller Meinke noch bis 1964 Lohnmahlungen durch, dann war

Die Pleistermühle bei Münster. Ansicht der ehemaligen Kornmühle von der angestauten Werse aus.

aus wirtschaftlich-technischen Gründen das Ende gekommen.

Die Sägemühle ist inzwischen verschwunden; die Kornmühle jedoch ist zu einem Wohnhaus umgewandelt. Vom Denkmalamt wurde dabei beachtet, daß wenigstens die äußere Form erhalten blieb.

Das am Mühlenkolk der Mühle gegenüberliegende einstige Müllerwohnhaus kann als Gartenwirtschaft auf eine hundertjährige Tradition zurückblikken und hat von seiner Anziehungskraft auf Ausflügler nichts eingebüßt.

Quelle: Werner Dobelmann, Münsterische Zeitung, 1936

Kreis Warendorf

80 *Die Wassermühle Haus Langen*

Die Wassermühle von Haus Langen liegt in der Nähe von Telgte an einem Wehr in der Bever, bevor diese in die Ems mündet. Diese viel fotografierte, zu einem Rittergut gehörende Wassermühle ist eine der prägnantesten, typisch münsterländischen Doppelanlagen, wie sie im Mittelalter vorherrschten.

Die Ölmühle wurde um die Jahrhundertwende stillgesetzt. Ihre Zeit war vorbei. Die Kornmühle auf der anderen Seite des Wehrs hat noch bis 1958 auf zwei Mahlgängen (Büdelgang und Schrotgang) Lohnaufträge durchgeführt.

Infolge der Regulierung des Oberlaufs, bei der leider die frühere Schönheit dieser Beverlandschaft verdorben wurde, brachte das Hochwasser 1977 einen so raschen Abfluß der Wassermengen, daß

Wassermühle Haus Langen.

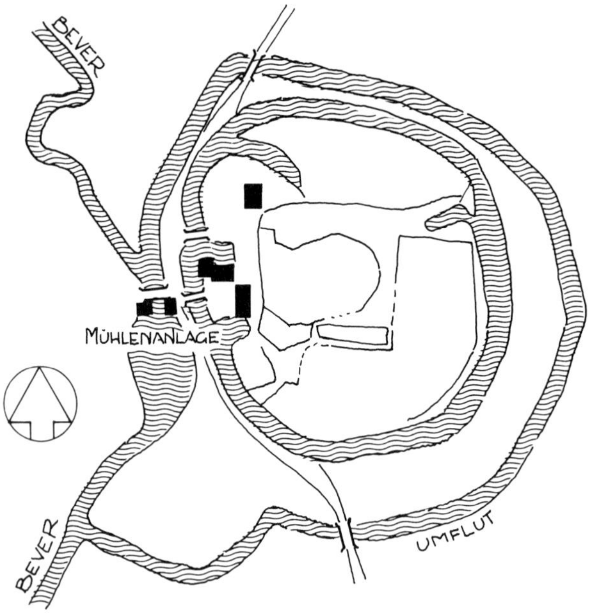

Lageplan von Haus Langen mit der Wassermühle (Umzeichnung nach dem Urkataster).

das Pfahlrostfundament der Mühlenanlage unterspült wurde. Durch eine neue Fundamentmauer auf der Wasserseite mußten sowohl die Ölmühle als auch die Kornmühle gesichert werden.

Dieses Ausflugsziel vieler Pättkesfahrer ist ein beliebtes Objekt für Maler, Zeichner und Fotografen. Ein neues Wasserrad würde der altehrwürdigen Mühle gut anstehen.

Die Mühle hat ihren Namen von den „edlen Rittern von Langen", die in einer Urkunde von 1150 als Lehnherren des Bischofs von Münster erwähnt werden.

81 *Die Große Mühle in Telgte*

Die Stadt Telgte ist um den Haupthof „Telgoth" entstanden, der vermutlich seit Gründung des Bistums Münster im Jahre 805 Eigentum der Kirche war.

1137 war der Bau einer Wassermühle auf kirchlichem Grund in Telgte vorgesehen, und der bischöfliche Villicus Wulfhardus vom Bispinghof machte einen Standortvorschlag. Dazu setzte er die Bemerkung „ex antiqua" - von alters her -, ein Hinweis, daß schon früher dort eine Mühle gestanden hatte.

Es ist als sicher anzunehmen, daß die Kornmühle auf den vorgeschlagenen Standort an der Ems in nächster Nähe zu der von Liudger gegründeten Pfarrkirche angelegt wurde. Später kamen auf der anderen Wehrseite noch Öl- und Walkmühle hinzu. Im Jahre 1281 erhielten die Ritter Hermann von Bunstorpe und Johann von Berge vom Bischof Everhard von Diest die Wassermühle gegen eine jährliche Abgabe von 10 Malter Weizen.

Wie aus den Aufzeichnungen der Hofkammer zu ersehen ist, mußte die Mühle mehrfach nach Zerstörung durch Brandschatzung, aber auch nach Schäden durch Hochwasser wieder aufgebaut bzw. renoviert werden. Mitte des 18. Jahrhunderts stand erneut eine gründliche Überholung der gesamten Mühlenanlage an. Der regierende Fürstbischof Clemens-August beauftragte seinen General und Baumeister J. C. Schlaun mit der Durchführung. Ein Wappenstein am Giebel der Kornmühle zeugt von einem Wiederaufbau des Gebäudes im Jahre 1754.

Es war im Mittelalter üblich, daß Kirche und Adel die Bewirtschaftung der Mühlen einem ihrer Eigenhörigen als Erbpächter übertrugen. Das hatte den Vorteil, daß der Müller mit seiner Familie zur Mühlenanlage und zum Mühlenhof gehörte und nicht den Arbeitsplatz ohne Genehmigung und Freibrief wechseln konnte.

1776 wurde Heinrich Anton Terfloth Erbpächter der beiden Mühlen und des Mühlenhofes, ohne Eigenhöriger des Bischofs zu sein. Die sozialen Verhältnisse begannen sich zu entspannen, 1803 wurden die kirchlichen Güter verweltlicht und die geistlichen Fürstentümer aufgelöst. Das Münsterland kam zu Preußen, und der ehemalige Kirchenbesitz wurde nunmehr von der preußischen Domänenkammer in Münster verwaltet. Diese erneuerte mit der Familie Terfloth den bisherigen Pachtvertrag. 1838 bezahlte Terfloth die erforderliche Ablösesumme und wurde Eigentümer.

Im Privatbesitz befindet sich ein Gemälde der Großen Mühle um 1860 mit der Kornmühle auf der einen und der Öl- und Walkmühle auf der gegenüberliegenden Seite des Wehrs. Klar ist zu erkennen, daß die Mahlgänge in der Kornmühle von drei hintereinander gestaffelten, unterschlächtigen Mühlenrädern angetrieben wurden.

1895 erfolgte der letzte Umbau der Kornmühle. Die Ölmühle und die Walkmühle waren bereits stillgelegt. Die bisherigen drei Mühlenräder wurden durch ein leistungsstarkes, wesentlich breiteres und fast 6,00 m hohes Rad ersetzt. Von der alten Inneneinrichtung blieben ein Mahlgang und ein Schrotgang mit je 1,50 m großen Mühlsteinen bestehen. Im übrigen wurde die Mühle mit zwei Walzengängen, Grießputzmaschine, Sichtern, Mehlmischmaschinen und Fördergeräten nach neuestem technischen Stand ausgerüstet. Dazu mußte das Mühlengebäude aufgestockt werden.

1908 wurde der Kampf gegen die aufkommenden großen Handelsmühlen so ruinös, daß die Firma Terfloth wie viele anderen Kleinmühlen aufgab. 1916 baute die Stadt Telgte die Große Mühle zur Stromerzeugung mit Wasserkraft um und gründete ein Elektrizitätswerk.

Quelle: Albert Bruens, Die Telgter Emsmühlen.

82 *Die Kleine Mühle in Telgte*

Die Kleine Mühle war auf der linken Seite des Wehrs am Emstor (heute Ostbeverner Landstraße) gelegen. Drei Mühlenräder betrieben bis zur Stillsetzung um die Jahrhundertwende einen Mahlgang sowie zwei Schrotgänge.

Der Kornmühle gegenüber lag eine mit zwei Fallgattern und einer Kreissäge ausgerüstete Sägemühle, die im Winter 1891/92 abbrannte. Auf ihren Fundamenten wurde anstelle der alten, ausgedienten eine neuzeitliche Kornmühle mit einem Mahlgang und einem Schrotgang errichtet; später kam ein zweiter Schrotgang dazu. Der Antrieb erfolgte nicht mehr von Mühlenrädern, sondern von einer 80 PS starken Francisturbine.

1899 kam Albert Bruens aus Anholt als Leiter der Terflothschen Mühlen nach Telgte und führte nach der Stillsetzung der Großen Mühle die Kleine Mühle weiter. Er gründete 1909 die Westfälische Mühlsteinfabrik Albert Brues und behielt bis 1914 auch die Leitung der Kleinen Mühle. Dann kam ein neuer Pächter, der nach dem Ersten Weltkrieg die Mühle mit zwei Doppelwalzenstühlen modernisierte.

Die Mühle überstand die schwierigen 20er Jahre nicht. Sie wurde an einen Großhändler verkauft, der die Räume als Lagerhalle nutzte. Die Francisturbine erzeugte von da ab den Strom für die Beleuchtung des eigenen Betriebes.

Damit war für die Emsmühlen eine über tausendjährige Geschichte abgeschlossen.

83 *Die Klostermühle Vinnenberg*

Unsere Bemühungen, Wassermühlen an Hand der in neuesten Wanderkarten eingezeichneten

Die Große Emsmühle in Telgte.

Symbole zu finden, waren oft enttäuschend, besonders auch im Emstal. Die meisten Anlagen waren der Regulierung zum Opfer gefallen und verschwunden.

So war es eine Freude, an der Bever an einem schönen Sonnentag auf die Klostermühle Vinnenberg zu stoßen. Das Gebäude dieser ehemaligen Kornmühle ist gut erhalten bzw. restauriert, und seit 1980 dreht sich auch wieder ein Mühlenrad am Wehr. Die Mühle mit dem gut geführten Gasthaus ist ein gern besuchtes Ausflugsziel.

Die Wassermühle gehörte früher zum Kloster Vinnenberg. Die Geschichte der Wassermühle kann man nur mit der Geschichte der beiden Klöster Rengeringe und Vinnenberg zusammen sehen. Auf Grund eines Gelübdes schenkte Ritter Hermann von Rengeringe anno 1247 sein Gut den Zisterzienserinnen in Münster (St. Aegidii), die es als Nonnenkloster besiedelten. Einige Jahre später, und zwar 1252, wurde auch das Kloster Vinnenberg gegründet.

Die Geschichte des Klosters ist noch unerforscht und liegt im Dunkel.

Im Zuge der Säkularisation zog man ab 1803 die Kirchengüter ein. Die Klostergüter Vinnenberg und Rengeringe kamen in die Verwaltung preußischer Domänen in Münster. Die vier Mühlen des Klosters Vinnenberg (Kornmühle, Ölmühle und zwei Bokemühlen) wurden 1809 meistbietend verpachtet und später verkauft. Den Zuschlag für alle Mühlen, auch

Die Kleine Emsmühle in Telgte.

Die Klostermühle Vinnenberg ist heute ein beliebtes Gasthaus.

des Klosters Rengeringe, erhielt der Gastwirt Schmedding aus Milte. Erster Müller der Kornmühle, die als einzige von insgesamt sieben Mühlen der beiden Klöster übrig geblieben ist, war Franz Lanfermeyer.

Fast hundert Jahre standen die Klostergebäude leer und verfielen. Erst 1898 wurde Vinnenberg von Benediktinerinnen neu besiedelt. Die alte Klostermühle mit ihrem Mühlenrad ist eine Erinnerung an die alten Zeiten.

84 *Die Wassermühlen Schloß Harkotten*

Die ältere Burg Füchtorf wurde vermutlich schon im 9. oder 10. Jahrhundert erbaut. Sie lag auf dem jetzigen Kirchplatz inmitten des Dorfes. Heute erinnern nur noch einige Mauerreste daran.

Der Name Vuchtorpe wird erstmals in einer Urkunde von 1134 genannt. Darin bestätigt der Bischof von Münster Privilegien und Güter des Klosters Clarholz. Unter den aufgezählten Gütern wird auch „Vuchtorpe" erwähnt.

Henricus von Kersekorf der Ältere war der letzte Ritter auf der alten Burg und wird in einer Urkunde von 1299 genannt. Sein Sohn Henricus von Kersekorf nennt sich Heinrich II. von Korff. Er baut sich in Harkotten bei Füchtorf eine neue Burg und siedelt im Jahre 1309 dorthin über.

Die heute noch bestehende Wassermühle ist alt und verfallen. Sie hat aber Geschichte, steht sie doch mit großer Wahrscheinlichkeit auf den Pfahlrostgründungen der Erstanlage vor 680 Jahren.

Eine Besonderheit ist die mächtige Wurzel einer Weide, die sich in zwei Meter Höhe im Außenmauerwerk verankert hat.

Eine Besonderheit: Aus dem Mauerwerk der Mühle wächst die starke Wurzel einer Kopfweide.

85 *Die Umgrover Wassermühle bei Müssingen*

Die Wassermühle an der Landstraße von Everswinkel nach Warendorf liegt am Mussenbach. Bis 1963 hat sie noch mit Wasserkraft Lohnmahlungen durchgeführt, dann war die Mühlenherrlichkeit vorbei.

Ehe die alte Mühle ganz zerfiel, übernahm sie 1976 der jetzige Eigentümer und gestaltete daraus für sich und seine Familie ein ansehnliches Wohnhaus. Bei den Umbauarbeiten entdeckten die Maurer in einer Urkundenrolle die 1923 geschriebene Mühlengeschichte.

Danach erbaute der Bauer Bernhard Schulze Umgrove im Jahre 1811 die Mühle am Mussenbach

Die Umgrover Mühle ist heute ein freundliches Wohnhaus.

Die Mühlenanlage von Schloß Harkotten mit Mühlenteich.

in Holzkonstruktion und nahm sie in Betrieb. Es gehörte damals unternehmerischer Mut dazu, denn die Zeiten waren unsicher.

Napoleon hatte das Münsterland zum Teil dem Kaiserreich Frankreich und zum Teil dem Großherzogtum Berg zugeordnet und das französische Zivilrecht eingeführt. Das brachte viel Ungemach, andererseits aber auch die Freiheit der Person und des Gewerbes. So unterlagen auch der Bau und der Betrieb von Mühlen nicht mehr dem Mühlenbann und Zwangswesen. Bauer Schulze Umgrove nutzte die neue Freiheit aus.

Im Weltkrieg 1915 mußte die Mühle aus Mangel an Arbeitskräften einstweilen stillgesetzt werden. Sie kam nach dem Krieg nicht wieder in Gang, weil das Geld fehlte. Das Hochwasser im Frühjahr 1922 brachte der Mühle großen Schaden, und die Mühle wurde baufällig. Es herrschte bereits die Inflation, trotzdem wagte Schulze Umgrove, gemeinsam mit seinem Nachbarn August Schulze Zurmussen, den Wiederaufbau. Im Frühjahr 1923 kostete eine Doppelfuhre von 200 Zentnern Anröchter Steinen 120 000 Mark, im Oktober desselben Jahres bereits 2 800 000 Mark. Die Bezahlung der Handwerkerlöhne erfolgte in Naturalien. Ein Maurer erhielt für eine Arbeitsstunde 5 Pfund Roggen und ein warmes Essen.

Die Bauleitung des Mühlenaufbaues hatte der im ganzen Münsterland bekannte Mühlenbaumeister Remme aus Brochterbeck übernommen, der auch eine gebrauchte Axialturbine von 12 PS aus dem stillgelegten Betrieb Lütke-Mersmann besorgte. Die Mühle bekam zwei Mahlgänge mit 1,50 m großen Mühlsteinen, einen zum Schroten und einen für Backmehle.

86 *Die Emsmühle in Warendorf*

Eine Furt durch die Ems und überflutungsfreies Siedlungsgelände beiderseits des Flusses waren die Ausgangspunkte der frühen Bauerschaft „Warenthorpe".

Als die Sachsen um 700 das Münsterland eroberten und ihrem Stammesverband angliederten, machten sie „Warenthorpe“ zu einem ihrer Oberhöfe. Im Jahre 779 eroberte Karl der Große mit seinen Franken das sächsische Münsterland und machte es zur Basis seines weiteren Kampfes gegen Herzog Widukind. Der bisher sächsische Oberhof „Warenthorpe“ wurde fränkischer Oberhof und mit den dazugehörigen Unterhöfen eine Etappenstation für das Heer. Damit die Truppe ihre Grütze und das Mehl zum Brot nicht selbst auf Handmühlen mahlen mußte, wurde nach königlichem Gebot die Emsmühle gebaut.

Nach Befriedung des Landes kam es zur Neuverteilung des Grundvermögens. Einen großen Teil erhielt neben dem führenden Adel auch die Kirche. Der erste Bischof von Münster, Liudger, erhob die vom Missionar Bernradh gegründete Kapelle zur Pfarrkirche von „Warenthorpe“. Die Kirche und der Oberhof mit der Wassermühle waren die Kernpunkte, um die sich die Kirchensiedlung und spätere Stadt Warendorf (Stadtrechte seit 1200) entwikkelte.

Bis 1173 war der Oberhof Warendorf Sitz des bekannten Ritter- und Ministerialen-Geschlechts „von Warendorp“. Später ließ der Bischof durch seine Hofkammer die Emsmühlenanlage mit dem Mühlenhof vom Rittergut trennen und von Münster aus verwalten.

Zum Müller bestellte er einen seiner geeigneten Hörigen der zum Erbpächter aufstieg. Die Müllerfamilie legte sich den von der Mühle hergeleiteten Namen „tor Molen“, „ter Möllen“ und zum Schluß „zur Mühlen“ zu. Obwohl Hörige des Bischofs, galt doch die Müllerfamilie zur Mühlen in Warendorf als sehr angesehen, ein Zeichen dafür, daß damals im Fürstbistum Münster der Personenstand „hörig“ nicht diskriminierend war.

Im 19. Jahrhundert ging der Mühlenhof mit der Emsmühle in das Eigentum des Erbpächters über und wurde 1890 von der Stadt aufgekauft. Die Stadt verpachtete die Emsmühle und verkaufte sie 1906 an den letzten Pächter, den Kaufmann Christoph Kottrup, für 110 000 Mark.

Damals trugen die Emsmühle und der gegenüberliegende Lohwall noch einen recht urtümlichen Charakter, obgleich die Kornmühle 1890 bereits aufgestockt und auf dem Lohwall die Öl- und Walkmühle abgerissen waren. Bis 1923 war die Emsmühle eine reine Wassermühle, dann ging die Nutzung der Wasserrechte an diesem Stauwehr an die VEW über, die auf der Lohwallseite eine Elektri-

Die ehemalige Emsmühle in Warendorf. Links das heutige Jugendhaus, rechts die Kottrupsche Mühle.

Die Windmühle in Ennigerloh ist Clubheim der Ballonfahrer geworden.

zitätswerk bauten. Die Stromerzeugung ist stillgelegt. Seit 1975 steht an der Stelle ein Haus der Jugend (HOT).

Die Kottrups Mühle wurde ausgebaut und erhielt bis 1949 von einem Sauggasmotor die erforderliche Energie, die auch über einen Generator Strom erzeugte. Die Wasserkraft konnte nur noch zu bestimmten Zeiten genutzt werden. Bis 1972 wurde die Mühle dann mit elektrischem Strom betrieben. Sie konnte ihre Leistung auf eine Tagesmenge von 40 to Brotgetreide steigern.

Infolge der bestehenden Mühlenüberkapazitäten lief eine Mühlenstillegungsaktion, für die Prämien gezahlt wurden. Da der Druck der Großmühlen nicht abzuwenden war, nahm die Familie Kottrup die Stillegungsprämie an.

Inzwischen ist die alte, auf historischem Grund stehende, Emsmühle einer anderen Nutzung zugeführt.

87 *Die Windmühle in Westkirchen*

Die Turmwindmühle ist verputzt und wunderschön mit Wein berankt, der rot in der abendlichen Oktobersonne leuchtete, als wir auf der Suche nach den alten münsterländischen Mühlen die Westkirchener Mühle fanden.

Die Mühle hat eine hölzerne Galerie. Sie wurde 1835 erbaut und arbeitete bis 1935 mit der Windkraft als Kornmühle. Dann kam das öffentliche Stromversorgungsnetz auch nach Westkirchen. Die Kornmühle hat mit elektrischer Energie das Korn der Bauern geschrotet und gemahlen, bis sie 1970 stillgelegt wurde und verfiel.

Unter Führung des Heimatvereins Westkirchen nahm sich ein Freundeskreis der alten Mühle an und baute sie zu einem Treffpunkt und Heimathaus um. Von 1983 bis 1986 haben diese Arbeiten in Eigenhilfe gedauert. Sie wurden mit der Montage neuer Mühlenflügel gekrönt und abgeschlossen. Die Westkirchener können mit Recht stolz auf das Ergebnis dieser Rettungsaktion sein.

88 *Die Windmühle in Ennigerloh*

Die Windmühle gehörte von altersher zum Schulzenhof Ennigerloh. Der Schulze und alle Leute, die auf dem Hof wohnten, einschließlich des Müllers und seiner Familie, waren dem Bischof in Münster eigenhörig. In Urkunden aus den Jahren 1498 und 1499 liest man von Windemöllner oder auch Mölner; damit ist nachgewiesen, daß in Ennigerloh eine sehr frühe Bockwindmühle stand. Nach Tibus soll bereits in einer Urkunde von 1298 eine Bockwindmühle erwähnt sein. 1629 wird von einem Wiederaufbau berichtet, ebenso in den Jahren 1733 und 1765/66.

Vor der Westkirchener Mühle trafen wir das Ehepaar Becker vom Heimatverein.

Nach der Säkularisation kaufte Schulze Ennigerloh den Hof mit der Mühle von der preußischen Domänenverwaltung.

Die jetzige Mühle aus gemauertem Bruchstein mit drehbarer Kappe wurde 1862 erbaut. Nach dem Untergang des Schulzenhofes kam die Mühle an verschiedene Besitzer.

In den 20er Jahren wurde der Betrieb eingestellt. 1945 baute man die Mahlgänge und die weitere technische Einrichtung aus, um die Mühle als Jugendheim zu nutzen. Heute ist sie Clubheim des Ballonsportvereins Ennigerloh.

Gebäude und Windmühlenflügel wurden in den letzten Jahren gründlich renoviert. Es stört, daß der Erdwall mit Bäumen bepflanzt ist, die inzwischen zu hoch geworden sind. Neue Windmühlenflügel sind angebracht, auch ist das Getriebe im Kappenkopf renoviert. Die hohen Bäume vor dieser bildhübschen Mühle würden die Flügel aber nicht kreisen lassen.

Haus Vorhelm. Die Ölmühle von 1617.

89 *Die Wassermühle Haus Vorhelm*

Haus Vorhelm ist eine ehemalige Wasserburg, umgeben von Gräften. Das Herrenhaus wurde erst im 17. Jahrhundert gebaut, als die Burg als Wehranlage nicht mehr erforderlich war bzw. keinen Schutz mehr bot.

Das malerische Mühlchen ist die Ölmühle, die ursprünglich mit der Kornmühle eine Doppelanlage bildete. Das Gründungsjahr der Mühle ist nicht bekannt, dürfte jedoch mit der Anlage der Burg identisch sein und im 13. Jahrhundert liegen. Das bekannte Datum 1617 ist vermutlich das Baujahr der Ölmühle nach einer Zerstörung.

Die benachbarte Kornmühle ist ein Ziegelsteinbau aus dem Jahre 1826.

Das Rittergut Haus Vorhelm kam Anfang des 18. Jahrhunderts an die Familie von Droste Vischering. Derzeitiger Besitzer ist Graf Schall.

90 *Die Wassermühle Kötting in Beckum (ehemals Westmühle)*

In Beckum gab es vier mittelalterliche Wassermühlen, die alle im Besitz des Bischofs von Münster waren. Die Westmühle wurde 1385 der Stadt verpfändet, die Platzmühle bereits 1268 von der Stadt erworben. 1653 übernahm die Stadt von der münsterischen Hofkammer die Westmühle, die Südmühle und die Wersemühle (westlich der Stadt, Richtung Ahlen).

Im Jahre 1880 veräußerte die Stadt ihre Wassermühlen, die teilweise in schlechtem Zustand waren. Drei Wassermühlen – Westmühle, Südmühle und Wersemühle – kaufte der Müller Franz Kötting aus Clarholz, gab die Süd- und die Wersemühle aber weiter.

Die Westmühle hatte einen Schrotgang und einen Feinmehlgang, die bis 1880 mit der Energie eines oberschlächtigen Wasserrades angetrieben wurden. Ab 1882 erzeugten eine Dampfmaschine und eine Turbine die Antriebsenergie. Jetzt arbeitet die Mühle Kötting mit Netzstrom. Das 1986 vom Heimatverein Beckum angebrachte unterschlächtige Wasserrad wird zur Zeit nicht genutzt. Es ist jedoch geplant, die gewonnene Energie auch einzusetzen. Ein oberschlächtiges Mühlenrad wie früher ist nicht mehr möglich, da der Mühlenteich beseitigt wurde.

Mit Müllermeister Franz Kötting ist heute die dritte Generation in der Westmühle. Zusammen mit seinem Bruder, der ebenfalls Müller ist und in der Pleistermühle bei Münster gelernt hat, betreibt er bei eigener Schrotung einen Futtermittelhandel.

Die Köttingsmühle in Beckum.

91 *Die Kappenwindmühle Niehaus auf dem Höxberg in Beckum*

Die Kappenwindmühle auf dem Höxberg wurde 1853 erbaut und der Windmüller Franz Niehaus hat damit bis 1916 das Korn geschrotet und gemahlen.

1916 wurde der Antrieb auf Saugmotor und danach auf Elektromotor umgestellt und hat so bis 1955 gearbeitet. Die Mühle verfiel, wurde aber 1985 durch eine Renovierung gerettet und bildet heute das Wahrzeichen von Beckum. Eigentümerin ist die Urenkelin des Gründers, Frau Christine Nettelbrock geb. Niehaus, die den an der Mühle gelegenen Hotel- und Gastbetrieb leitet.

Die Windmühle Niehaus auf dem Höxberg in Beckum.

Niederländisches Grenzgebiet

92 *Die Wissinks Standerkast-Mol in Usselo*

Bockwindmühlen, wie die sehr schöne in Usselo, prägten früher auch die münsterländische Heimatlandschaft. Wer die „Stander-" oder „Standerkast-Mol" anschauen will, findet sie rechts der Straße von Haaksbergen nach Enschede, etwa 2 km vor dem Ort Usselo.

Die Historie der Mühle ist mit dem jahrhundertealten Bauernhof Wissink verbunden. Die Bauern auf dem Hof waren bis in das 18. Jahrhundert Hörige des Stiftes Vreden, das seit dem frühen Mittelalter in Twente große Besitzungen hatte. 1770 kauften Bauer Thijs Wissink und seine Frau Marten das von ihnen bewohnte Bauerngehöft vom Stift Vreden. 1802 baute Sohn Jan Hendrik Wissink auf seinem Grundstück eine Mühle.

Seit der Jahrhundertwende wurde die Existenz der kleinen Mühle durch das Aufkommen der großen Handelsmühlen bedroht. 1921 hatte Bauer Wissink den Plan, die Bockwindmühle abzureißen und das wertvolle Holz zum Bau von Schuppen zu nutzen. Heimatfreunde setzten sich ein, kauften die Mühle auf Abbruch und versetzten sie in das Heidegelände Buurserzand. Hier sollte einmal ein Freilichtmuseum entstehen. Leider wurde nichts daraus, und die Mühle erlitt im Laufe der Jahre durch das Fehlen ständiger Unterhaltung erhebliche Schäden.

Die Wissinks Standerkast-Mol in Usselo ist eine hervorragend renovierte Mühlenanlage und im besprochenen Raum die einzige Bockwindmühle, die voll betriebsbereit ist. Im Sommer ist die Mühle jeden Samstag ab 14 Uhr geöffnet, und jeder Besucher darf beim Mahlen zuschauen. ▷

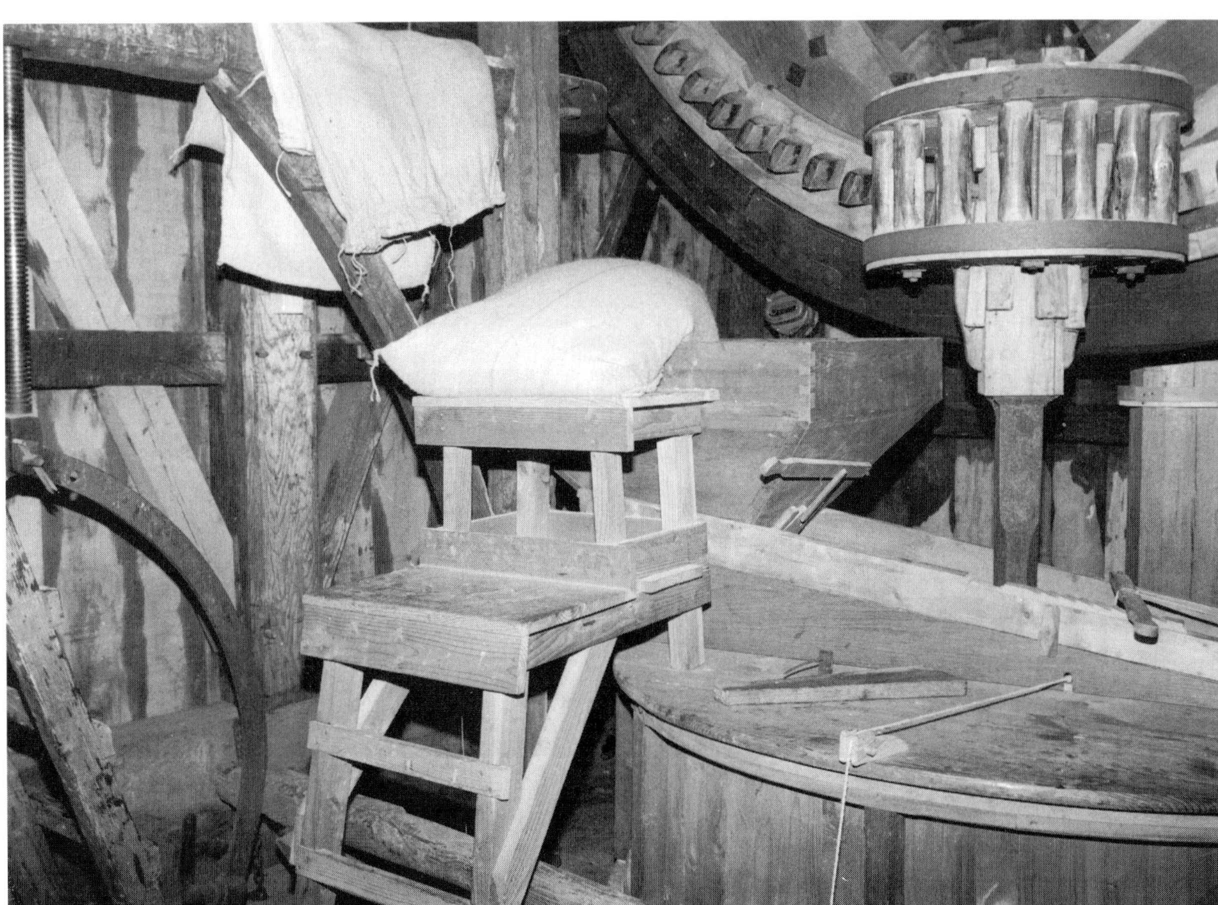

Wissinks Standerkast-Mol – Der Mahlgang.

Wissinks Standerkast-Mol in Usselo.

Es gründete sich ein Freundeskreis „Vereniging Wissink's Mol", der spontan sammelte und die Mühle renovierte. Stürme fügten im Jahre 1972 der Mühle große Beschädigungen zu. Die Flügel hatten sich losgerissen, und da sie sich wie toll drehten, entstand durch die Reibung der Lagerungen Feuer. Noch einmal wurden Spenden gesammelt und der Reichsdienst für Denkmalschutz eingeschaltet. Die Bockwindmühle ist 1981 vom Buurserzand nach Usselo umgesetzt und der Stiftung Wissinks Mühle übergeben worden. Die Anlage ist vollständig auch in ihrem Getriebe renoviert und betriebsbereit.

Eine Besichtigung lohnt sich. Im Sommer werden jeden Samstag ab 14 Uhr die Flügel bespannt und in den Wind gedreht. Dann kann der Mahlbetrieb durch die Hobbymüller beginnen.

93 *Die Wassermühle in Haaksbergen*

Die „Oostendorper Watermolen" ist mit Korn- und Ölmühle eine Doppelanlage, die aus dem Jahre 1548 stammt, Bauherr war Karl V., Herr von Overijssel; ihren Namen bekam die Mühle vom ersten Müller, Johan ten Oostendorp. Erbaut wurde die Anlage als Ersatz für die 1487 abgerissene Mühle, die etwas weiter stromabwärts bei der Vedderbrücke gestanden hat.

Der alte Weg von Haaksbergen über Eibergen nach Zutphen führt an dieser historischen Wassermühle vorbei. Es wundert nicht, daß die Mühle in Flammen aufging, als 1581 spanische Truppen hier lagerten.

Am 2. August 1633 bekam Willen Ripperda, Herr von Hengelo, vom Staat Overijssel die Erlaubnis, die Oostendorper Mühle wieder aufzubauen. Dabei wurde das noch brauchbare Material der alten Mühle verwendet.

Im Jahre 1847 erbte Jan Willem Greve, Fabrikant in Enschede, die komplette Anlage, 1946 übernahm die Gemeinde Haaksbergen die stillgesetzte Oostendorper Mühle und betreute sie als technisches Baudenkmal. Seit 1987 ist die Anlage gründlich überholt und für deutsche Mühlenfreunde ein beliebtes Ausflugsziel geworden.

In den Sommermonaten ist sowohl die Kornmühle als auch die Ölmühle jeden Samstag von 14 bis 17.30 Uhr in Betrieb.

94 *Die Mallumse Molen in Eibergen*

Wer eine sehr schöne, voll betriebsbereite Wassermühle mit Mühlenrad und hölzernem Obergetriebe sehen will, sollte unbedingt die Mallumse Molen in Eibergen an der Berkel in sein Besichti-

Die Kornmühle der Oostendorper Molen in Haaksbergen.

Der Kollergang in der Ölmühle der „Oostendorper Watermolen“ in Haaksbergen.

gungsprogramm aufnehmen. Die Mühle liegt nur wenige Kilometer hinter dem Grenzübergang zu den Niederlanden bei Oldenkott in der Nähe von Vreden.

Diese Mühlenanlage bestand ursprünglich aus einer Kornmühle und einer Ölmühle. Sie wurde 1432 erbaut und 1748 renoviert. Um die letzte Jahrhundertwende, als Petroleum das Lampenöl und Pflanzenfette das Öl für die Küche aus heimischen, ölhaltigen Körnerfrüchten wie z. B. Raps verdrängten, wurde die Ölmühle stillgesetzt und 1918 abgerissen.

Die Kornmühle hat noch bis 1943 Lohnmahlungen auf den beiden Mahlgängen mit dem Mühlradantrieb durchgeführt, dann war auch ihre Zeit vorbei.

Es bildete sich ein Freundeskreis der Mallumse Molen, der die Wassermühle renovierte und betriebsbereit machte. 1977 waren die Arbeiten abgeschlossen.

Jeden Samstag ab 14 Uhr ist die Kornmühle für Besucher geöffnet. Man kann zusehen, wie das Korn gemahlen wird und auch eine Tüte Vollkornmehl erwerben und mit nach Hause nehmen (nur in den Sommermonaten).

Der König mit Kronrad, Bütte und Steinzange.

95 *Die Piepermolen in Rekken*

Wer sich als Mühlenfreund entschlossen hat, die Mallumse Molen in Eibergen zu besuchen, trifft etwa 2 km hinter dem Grenzübergang Oldenkotte (westlich Vreden) in Rekken an der Straße nach Eibergen auf eine schöne Windmühle, „Die Piepermolen“.

Die Mallumse Molen in Eibergen.

Die Piepermolen in Rekken.

Sie ist eine Kappenwindmühle mit einem aus Ziegelsteinen gemauerten Turm. Kappe und Flügel sind von einem Erdwall aus zu bedienen (ein sogenannter Erdwall-Holländer). Die Mühle wurde 1796 erbaut und hat bis 1938 Lohnmahlungen durchgeführt. Bis 1970 stand die Windmühle still und wurde dann restauriert.

Jeden Samstag ab 14.00 Uhr ist Windmüller J. Konningen in seiner Mühle. Für Besucher ist sie offen, und jeder darf dem Molenaar Konningen zuschauen, wie er den Mahlgängen Getreide aufschüttet und wie die Körner zu Mehl vermahlen. Wer bereits um 14.00 Uhr da ist, kann noch erleben, wie die auf den Flügeln aufgerollten Segel losgebunden, entfaltet und wieder verzurrt werden.

Es beginnt das immer wieder faszinierende Schauspiel der hoch in den blauen Himmel greifenden Flügel, die dann wieder zur Erde zurückkehren.

Windmüller J. Konningen legt die Segel auf.

Windmüller J. Konningen sackt das Mahlgut ab.

Windmüller J. Konningen dreht die Kappe in den Wind.

Das Lippetal und Randgebiet des Ruhrgebietes

Die Wassermühlen von Haus Lembeck

Lembeck ist ein in fränkischer Zeit angelegter Haupthof. Ob damals schon eine Wassermühle zu diesem Haupthof gehörte, ist nicht überliefert, aber wahrscheinlich.

Im Jahre 1017 schenkte Kaiser Heinrich II. dem Paderborner Dom sieben im Münsterland gelegene Haupthöfe, einer davon war der „curtis lembeke", den Ritter Adolf zu Lembeke vom Bischof zu Paderborn als Lehen zurückerhielt. Später kam das Rittergut Lembeck in das Eigentum der münsterischen Kirche und die Ritter von Lembeck wurden Burggrafen der Landesburg Haus Dülmen. Im 13. Jahrhundert bauten die Herren von Lembeck eine wehrhafte Wasserburg, zu der der Bischof von Münster das Recht des offenen Hauses erhielt. Der Schloßbau wurde 1692 begonnen und 1726 vollendet.

Bei Auflösung des Fürstentums Münster im Jahre 1803 kam die Herrlichkeit Lembeck zum Fürstentum Salm-Anholt.

Zu Haus Lembeck gehörten vier Wassermühlen innerhalb der Herrschaftsgrenzen:

Die *Rhader Mühle,* diese war eine Kornmühle, auf der noch bis 1974 zwei Mahlgänge gearbeitet haben, die ihre Energie von einem Mühlenrad erhielten. Dann wurde der Mühlenbach verrohrt und damit die Anlage stillgelegt.

Die *Wienbecker Mühle* war ebenfalls eine Kornmühle und hat bis 1965 Lohnmahlungen durchgeführt. Eine frühere Ölmühle wurde bereits um die Jahrhundertwende stillgelegt. Im Herbst 1975 vernichtete ein Feuer die Mühlenanlage. Nur noch der alte Mühlenteich erinnert an die ehemalige Anlage.

96 *Die Middlicher Mühle*

Das Gebäude dieser Mühle ist sehr schön und wird heute als ein Freizeitheim für Jugendgruppen genutzt. Die Mühleneinrichtung ist ausgebaut, denn schon 1936 fehlte der Mühle das Wasser und Bach und Mühlenteich waren versandet.

97 *Die Tüshausmühle*

Diese Mühlenanlage gehört zu einem Gutshof, der an der Bundesstraße 58 liegt, dort, wo sie vom Rhader Mühlenbach unterflossen wird.

Der Gutshof auf der anderen Straßenseite mit der Brennerei ist urkundlich seit 1382 nachweisbar.

Seit 1615 hat die Familie Tüshaus den Gutshof mit der Mühle in Erbpacht. Auf Grund der Stein-Hardenbergschen Reform zur Regelung gutsherrlicher-bäuerlicher Verhältnisse konnte die Familie Tüshaus im vorigen Jahrhundert das Erbpachtverhältnis nach Zahlung der verlangten Ablösesumme in Eigentum umwandeln. Ab 1890 gehörte auch die Wassermühle dazu.

Ursprünglich war die Mühle als Kornmühle angelegt. Da jedoch im Mittelalter die Grundbesitzer aus Gewinnsucht die Wälder abholzen ließen und die Eichenstämme nach Holland verkauften, traten auch in der Herrlichkeit Lembeck Erosionsschäden auf. Windverwehungen legten den Sandboden frei und die Äcker der Bauern wurden Unland mit Heidebewuchs und Birkenausschlag.

Die Middlicher Mühle.

Tüshausmühle in Dorsten-Deuten.

Als Tüshaus 1615 die erste Erbpacht antrat, war die Kornmühle bereits zur Walkmühle umgebaut. Die Bauern hielten jetzt Schafe und nahezu auf jedem Bauernhof stand ein Webstuhl, die gewebten Stoffe brachten die Bauern zum veredeln zur Walkmühle. (Siehe Beschreibung Walkmühle). Mit Beginn des Industriezeitalters machten die Tuchfabriken handwerkliches Weben und die Arbeit von Walkmühlen überflüssig.

Die Walkmühlen wurden stillgelegt und die Bauern konnten Dank des von der Chemieindustrie angebotenen Kunstdüngers das sandige Land wieder bestellen und hatten brauchbare Ernten in Roggen und Weizen.

Im Jahre 1752 wurde der Walkmühle noch eine Ölmühle angegliedert. Viele Jahre haben beide Anlagen noch nebeneinander mit dem Antrieb von Mühlenrädern gearbeitet. 1880 wurde dann das letzte Tuch gewalkt und die Walkmühle stillgelegt.

Als nun Tüshaus im Jahre 1890 Eigentümer der heruntergewirtschafteten Mühlenanlage wurde, mußte er investieren. Die Walkmühle wurde

Müller Böing beim Schärfen des Mühlsteins.

Die Bütte mit Aufgabetrichter und Steinzange.

demontiert, das Gebäude aufgestockt und eine neue Kornmühle eingebaut.

Die nicht mehr leistungsfähigen Mühlenräder wurden durch eine 50 PS starke Francisturbine ersetzt. Die Turbine brachte die erforderliche Energie für beide Mahlgänge der Kornmühle und für die Ölmühle.

1914 wurde die Ölmühle modernisiert. Statt der alten Schlageinrichtung wurden jetzt von der Francisturbine, die inzwischen von 50 PS auf 75 PS umgestellt war, Hydraulikpumpen angetrieben, die den Rapsschrot mit 350 atü zusammenpreßte. Das Öl wurde aufgefangen (siehe die Beschreibung der Ölmühle S. 22). Noch im letzten Krieg und in der Nachkriegszeit bis 1948 war die Ölmühle Tüshaus für die Bevölkerung eine große Hilfe. Neben dem Raps der Bauern verarbeitete die Ölpresse auch die im Wald gesammelten Bucheckern, die der Ölmüller gegen fertiges Öl umtauschte.

Nicht nur für die Mühlenanlage reichte die von der 75-PS-Francisturbine erzeugte Leistung, sondern mit einem Generator für 110-Volt Gleichstrom und 22 KVA wurde Lichtstrom erzeugt, der zur Beleuchtung aller Gebäude des Gutes und auch der Beleuchtung der Ortskirche diente.

Nachdem schon 1948 die Ölpresse stillgelegt worden war, kam 1965 auch für die Kornmühle die Zeit. 50 Jahre hatte der letzte Kornmüller Gerhard Böing in der Tüshaus Mühle für seine Mahlgäste das Korn gemahlen und geschrotet. Nun ging er in den verdienten Ruhestand. Ein Nachfolger wurde nicht mehr gesucht. 1970 verzichtete der Gutshof auf die eigene Stromerzeugung und konnte aus dem öffentlichen Netz versorgt werden.

Auch eine stillgelegte Anlage braucht Wartung und so übernahm die Stadt Dorsten die Betreuung der zum technischen Baudenkmal anerkannten Wasser-Mühle Tüshaus.

Der Sohn des letzten Müllers Johannes Böing, der das Handwerk der Gangmüllerei bei Müllermeister Prinz in der Wassermühle Haus Schermbeck gelernt hatte, war bereit, im Auftrag der Stadt gemeinsam mit seinem Sohn Wolfgang die Kornmühle und die Ölmühle zu renovieren. Die Arbeit ist gelungen und ein Rundgang durch die intakte Mühlenanlage unter Führung von Müller Johannes Böing ist für einen Mühlenfreund erlebnisreich.

Die Mühle hat keine festen Besuchszeiten. Wer jedoch mit einer Gruppe die Mühle besichtigen will, kann entweder mit dem Kulturamt der Stadt Dorsten oder mit Herrn Johannes Böing (Telefon privat 0 23 61/6 31 44) einen Besichtigungstermin vereinbaren.

Winkelgetriebe für den Mahlgang.

Ablegen des am Steinkran hängenden Obersteins.

Ölmühle mit Kollergang und Ölpressen.

98 *Die Wassermühlen von Haus Schermbeck*

Als wir mit der Wanderkarte in der Hand den alten Mühlen im Münsterland nachspürten, kamen wir auch nach Schermbeck, der Grenzstadt zum klevischen Rheinland. Wir besuchten dort den Eigentümer der Mühlen (Ober- und Untermühle der Burg Schermbeck), Herrn Müllermeister Prinz, der gerne von Schermbeck und seinen Mühlen erzählte. Er verwies dabei auf das Buch: Heinz Lutter, „Beiträge zur Geschichte Schermbecks".

◁ *Die Obermühle Schermbeck mit dem 9 m hohen Mühlenrad (1929).*

Die Obermühle Schermbeck (1987).

Geschichtliches

Die Geschichte von Schermbeck ist interessant und reicht weit zurück. Schermbeck ist als Ansiedlung um einen ehemaligen sächsischen Oberhof entstanden. Dieser Oberhof hatte seinen Namen nach dem Bach, an dem er lag, „Scirenbeke". Das alte Wort „Sciran" hat die Bedeutung von „trennen", und die Scirenbeke mit ihren versumpften Niederungen bildete zur germanischen Zeit die Grenze zwischen den Chamaven und den Brukterern und zur Zeit Karls des Großen die Grenze zwischen dem noch heidnischen sächsischen Hamaland und dem bereits zum Christentum bekehrten fränkischen Teil des Hamalands.

Nach einer Urkunde aus dem Jahre 799 übertrugen die beiden Söhne eines sächsischen Edelings ihren Haupthof Scirenbeke mit allen dazugehörenden Unterhöfen dem Missionar Liudger.

Aus dem Oberhof Scirenbeke ist der Ort Schermbeck (Altschermbeck) gewachsen.

Bei der Gründung des Fürstbistums Münster im Jahre 1180 gehörte das Münsterland bis zur Lippe zu diesem geistlichen und reichsunmittelbaren Territorium. Da jedoch der Fürstbischof in Münster zu der Zeit militärisch noch nicht stark war, konnten die Herren von Cleve ihre Machtbefugnisse ausdehnen und ihre Territorialgrenze über die Lippe hinaus ins Münsterland vorschieben. Zum Schutz dieser Grenze bauten sie um 1300 die Landesburg Haus

Die Gartroper Schloßmühle.

Das hölzerne Triebwerk mit dem mächtigen Wellenbaum.

Schermbeck. Es ist anzunehmen, daß die Mühlen, wie es üblich war, gleich mitgebaut wurden.

Durch Erbfolge kam das Herzogtum Cleve im Jahre 1630 an den Kurfürsten von Brandenburg, und Schermbeck wurde Grenzstadt zwischen dem Fürstbistum Münster und dem sich zur Großmacht entwickelnden Brandenburg-Preußen (Königreich Preußen).

Herr Prinz zeigte mit viel Freude ein Fotoalbum aus der Zeit vor 1930. Auf einem Foto war die Obermühle mit einem 9 m hohen und 1 m breiten Mühlenrad aus Holz zu sehen. Ich fand später dieses Foto in einem 1932 erschienenen Buch „Technische Kulturdenkmale". Ein Zeichen, daß ein solch großes Mühlrad nicht nur im Westfalenland etwas Außergewöhnliches war (siehe S. 146 oben).

1930 wurde die Obermühle überholt und bekam statt des hölzernen ein modernes, gußeisernes Getriebe, wobei die kraftübertragenden Räder Holzzähne aus Weißbuche hatten. Leider mußte auch das imposante Mühlenrad ausgetauscht werden, und die Mühle erhielt ein kleineres Wasserrad aus Eisen mit optimaler Formgebung der Schaufeln.

Bis 1958 hat die Obermühle noch mit zwei Mahlgängen gearbeitet. Die Mühlsteine hatten einen Durchmesser von 1,50 m und waren aus französischem Quarzit für den Weizengang und aus blauem Eifelbasalt für den Schrotgang. Die Mühle ist noch in Ordnung und könnte mit geringem Aufwand renoviert werden.

Die ebenfalls zur Burg Schermbeck gehörende Untermühle war die modernere Anlage und seit 1936 mit Turbinenantrieb ausgerüstet. Sie liegt seit 1960 still, soll aber nach Hörensagen bald renoviert werden.

99 *Die Schloßmühle Gartrop bei Hünxe*

Diese schöne, kleine Wassermühle liegt am Gartroper Mühlenbach kurz vor seiner Mündung in die Lippe. Wie schon der Name sagt, gehört die restaurierte Anlage zum Schloß, auf dem heute der Freiherr von Nagell mit seiner Familie wohnt.

Die Mühle hat einen Mahlgang, auf dem bis vor wenigen Jahren Backschrot hergestellt wurde. Der letzte Müller war Herr Lohmann, der noch in Gartrop-Hünxe lebt.

Seit dem Stillstand verfiel die Mühle. Sie wurde aber restauriert und ist heute mit dem überholten hölzernen Untergetriebe und dem mächtigen Mühlrad eine Augenweide für jeden Mühlenfreund. Freiherr von Nagell hat die Mühle in die Obhut der Gemeinde gegeben, die ihre Aufgabe der Denkmalpflege sehr ernst nimmt.

Die Wassermühle ist sicher zusammen mit der Wasserburg gebaut, die erstmals 1377 urkundlich erwähnt wird. Zwischendurch hat die ehemalige Kornmühle als Walkmühle für die Gewandmacher und Walkweber gearbeitet und wurde 1812 wieder als Kornmühle zurückgebaut.

100 *Wassermühle in Gahlen*

In Gahlen erinnert der vom Rehrbach gespeiste Mühlenteich und das Mühlenrad am ehemaligen Mühlengebäude an die Alte Wassermühle, die in der Nachbarschaft zur Pfarrkirche lag. Das Mühlengebäude ist heute zu anderer Nutzung umgebaut. Die Anlage ist ein Beispiel, wie die Erinnerung an eine vergangene Mühle wachgehalten werden kann.

De Watermüel

Dat Water, dat sueset,
Dat glitt un dat brueset dön steenern Kanoal.
Dat helpet un nützet,
dat kloppt un sprützet met mannsdicken Stroahl.

Dat Waterrad knoarrt, dat stüernt un bloarrt.
Endlick wet't dreiet,
un binnen, doa rummelt
de Steene un grummelt.
De Müele, de geiht.

Int Kolkwater gaukelt
un wägg sick un schaukelt
den schneewitten Schuem.
De Wellen, de wippt sick
un danzet un hüpket
noch wiet in den Ruem.

So sind oak de Menschken,
de Grete, dat Hänsken.
Ist' Arbein ierst doan,
dann danzt se un singet
un hüpket un springet
up lustige Bahn.

Dichter unbekannt.
In Sythener Platt von Franz Thewes

Der Mühlenteich in Gahlen.

Das Mühlenrad an der ehemaligen Mühle in Gahlen.

Die Sythener Mühle gehört zum ehemaligen Haus Sythen, einer Wasserburg aus dem 12. Jahrhundert. Die Burg ist heute vergangen, und nur noch das Torhaus erinnert daran. Das Gelände der ehemaligen Burg hat die Stadt Haltern aufgekauft. Die Wassermühle ist noch Besitz des Grafen Egon von und zu Westerholt-Gysenberg in Westerholt.

Sythen ist ein historischer Platz, denn hier stand in sächsischer Zeit bereits die Burg eines Edelings. Nach den Reichsannalen (Annales regni Francorum) kam es im Jahre 758 vor Sythen zwischen den Franken unter Pippin dem Kleinen und den Sachsen zu einer entscheidenden Schlacht, die Pippin für sich entschied.

Wie alt die Wassermühle ist, kann nicht belegt werden. Vermutlich stammt die Erstanlage noch aus karolingischer Zeit. Urkundlich wird die Mühle erstmals im Jahre 1331 erwähnt, und zwar in einem Vertrag, in dem Fürstbischof Ludwig das Haus Sythen samt Mühle (curtis tho sitina, molendo ibidem) mit dem Burggrafen der Landesburg Haus Dülmen, Ritter Wessel von Lembeck, gegen anderen Landbesitz tauscht. Wessel von Lembeck hatte

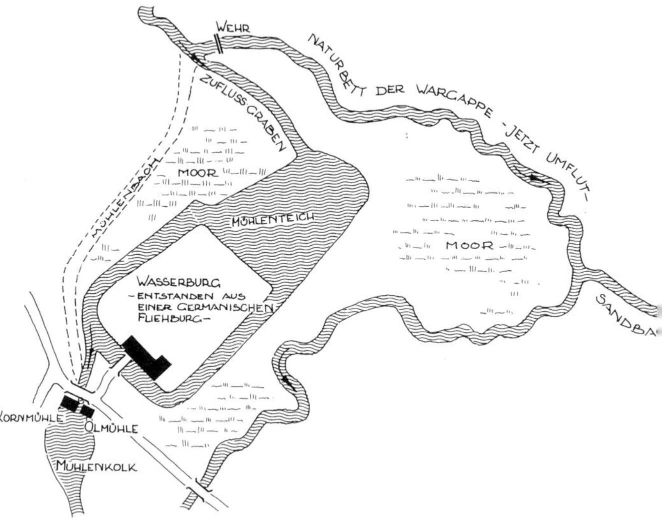

Lageplan Haus Sythen aus dem 17. Jahrhundert. Deutlich erkennbar die Bachlauf-Verkürzung zum Gewinn von Gefälle.

im Bereich des Amtes Dülmen erheblichen Besitz. Der Sitz der Familie war aber Haus Lembeck. Das Haus Sythen blieb Lehen des bischöflichen Ritters von Hagenbeck.

Später muß eine Eigentumsänderung eingetreten sein, denn im Jahre 1450 heiratete die Erbtochter

Die Sythener Mühle 1965 vor Abbruch der baufällig gewordenen Ölmühle.

Die Sythener Mühle 1981 nach Restaurierung und Bau des modernen Klappenwehres.

Beleken von Hagenbeck den Junker von Besten. Dieser gab im Jahre 1496 vor dem bischöflichen Go-Richter in Dülmen zu Protokoll „. . . dat hues to syten von nymande zu leen to entfangene . . .“

Die Wassermühle ist mehrfach zerstört und auf den mit Eichenpfählen gegründeten Fundamenten wieder errichtet worden. Nach einer Zerstörung im Dreißigjährigen Krieg mußte die Mühle im Jahre 1650 ebenfalls wieder aufgebaut werden, und so galt dieses Jahr lange Zeit als das Baujahr der Gesamtanlage.

Bis 1954 hat der letzte Müller der Sythener Mühle, Alfred Rütter, das Korn der Sythener Selbstversorger und der Bauern auf den beiden Mahlgängen der Mühle geschrotet und gemahlen. Dann gab er aus Altersgründen die Arbeit auf. Der Eigentümer, Graf von Westerholt, fand für die unrentabel gewordene Wassermühle keinen neuen Pächter. So drohte der Sythener Mühle das Schicksal vieler alter Mühlen: baldiger Verfall und Abriß.

Unter den Sythener Bürgern bildete sich ein Kreis von Freunden der Mühle, der sich aktiv an den Renovierungsarbeiten beteiligte. Die Stadt regelte die rechtliche Seite und unterstützte die Arbeit gemeinsam mit dem Landesamt für Denkmalpflege in Münster.

Im Herbst 1981 wurde die renovierte und zu einem Treffpunkt für Mühlenfreunde umgebaute Mühle feierlich an den Heimatverein Sythen als Hausherrn übergeben.

Seine Festansprache ließ Bürgermeister Wessel mit den ersten Sätzen aus dem „Taugenichts" von Joseph von Eichendorff, die so ganz die Stimmung alter Mühlen wiedergeben, ausklingen:

„Das Rad an meines Vaters Mühle brauste und rauschte schon wieder lustig, der Schnee tröpfelte emsig vom Dache, die Sperlinge zwitscherten und tummelten sich dazwischen; ich saß auf der Türschwelle und wischte mir den Schlaf aus den Augen; mir war recht wohl in dem warmen Sonnenscheine. Da trat der Vater aus dem Hause; er hatte schon seit Tagesanbruch in der Mühle rumort und die Schlafmütze schief auf dem Kopfe, der sagte zu mir: ‚Du Taugenichts! Da sonnst du dich schon wieder und dehnst und reckst dir die Knochen müde und läßt mich alle Arbeit allein tun. Ich kann dich hier nicht länger füttern. Der Frühling ist vor der Tür, geh' auch einmal hinaus in die Welt und erwirb dir selber dein Brot.' – ‚Nun', sagte ich, ‚wenn ich ein Taugenichts bin, so ist's gut, so will ich in die Welt gehen und mein Glück machen.'"

Die Stadtmühle Haltern

Die Stadtmühle Haltern lag in der Bauerschaft Overrath an der Einmündung des Sythener Mühlenbaches in die Stever.

Als 1927 der Ausbau des Halterner Stausees zur Trinkwasserversorgung des nördlichen Ruhrgebiets begann, mußte die noch in Betrieb befindliche Kornmühle stillgelegt und abgebrochen werden.

Die zur Mühlenanlage gehörenden drei Nebenbetriebe – Ölmühle, Walkmühle und Lohmühle – waren durch den Anbruch des industriellen Zeitalters im vorigen Jahrhundert in Schwierigkeiten gekommen und wurden bereits um 1870 stillgesetzt.

Die alte Mühle stammte aus dem 12. bis 13. Jahrhundert. Sie wird in einer Urkunde aus dem Jahre 1302 als bischöfliche Amtsmühle erwähnt. 1339 kaufte die Stadt Haltern sie dem Landesherrn in Münster ab und machte sie zur Stadtmühle.

Heute erinnert nur noch das Landgasthaus „Stadtmühle" und der Holzschnitt von Heinrich Everz an die alte Wassermühle.

102 *Die Schloßmühle Buddenburg bei Lünen*

Die Schloßmühle an der Sudbeke in Lippholthausen ist ein wohlgestalteter Fachwerkbau auf einem massiven, aus Bruchsteinen errichteten Unterbau, auf dessen Ostseite ein Stein mit der eingeschlagenen Jahreszahl 1760 das Baujahr oder den Wiederaufbau nach einer Zerstörung anzeigt.

Die Schloßmühle Buddenburg in Lippholthausen bei Lünen.

Lustig plätschert das Wasser von dem seit 1973 wieder angebrachten oberschlächtigen Mühlrad, und eine an der Straßenfront befestigte Bronzetafel zeigt die wichtigsten Daten aus der Geschichte der Wassermühle.

Die Schloßmühle gehörte einst zum Rittersitz derer von Frydag zu Buddenburg. Die alte Wasserburg ist jedoch lange vergangen und wurde bereits 1845 abgerissen. In unmittelbarer Nähe erstand ein eleganter, klassizistischer Neubau.

Bis zur Regelung gutsherrlich-bäuerlicher Besitzverhältnisse Anfang des vorigen Jahrhunderts waren die Bauern von Lippholthausen den Herren von Frydag zu Buddenburg verpflichtet. Die Schloßmühle war für sie die Zwangsmühle, in der alle ihr gesamtes Korn mahlen lassen mußten. Im Jahre 1930 stellte die historische Kornmühle ihren Mahlbetrieb ein.

Das auf der Bronzetafel angegebene Baujahr 1760 erscheint insofern etwas zweifelhaft, als im

Die Stadtmühle Haltern. Holzschnitt von Heinrich Everz.

Das Mühlenrad im Winter.

auslaufenden 18. Jahrhundert viele Wassermühlen wohl von Grund auf renoviert, aber nicht neu angelegt wurden. Damals war die Blütezeit der Windmühlen, und die in der Anlage erheblich teureren Wassermühlen kamen als Neuanlage kaum noch in Frage.

103 *Holtmanns Mühle bei Haus Aden (Lünen)*

Nördlich der Bundesstraße 54 von Lünen nach Werne liegt der Schacht Romberg (Haus Aden 7) der Ruhrkohle-AG.

In unmittelbarer Nähe dazu ist ein Informationszentrum aufgebaut, das am Gerlingbach liegt und in Erinnerung an die frühere zu Haus Aden gehörende Holtmannsche Mühle in der äußeren Form der ehemaligen Wassermühle nachempfunden ist. Auch ein sehr schönes unterschlächtiges Mühlenrad ist angebracht.

Es ist sehr zu begrüßen, das die Bergbau-AG auf ihrem Weg nach Norden in das Münsterland zeigt, daß sie Baudenkmäler oder zumindest die Erinnerung daran erhalten will.

Die Holtmannsche Mühle stellte bereits 1882 ihren Betrieb ein.

Holtmanns Mühle – Infozentrum von Haus Aden.

Randgebiet des Nachbarkreises Gütersloh

104 *Die Wasser-Sägemühle Meier Osthoff in Harsewinkel*

In Harsewinkel gibt es noch heute eine Sägemühle, die von der Kraft einer Wasserturbine angetrieben wird.

Die Sägemühle liegt am Aarbrocksbach und gehört zum Hof Meier Osthoff (Meier = Schulte).

Im Jahre 1894 hat der Hofbauer sie für einen seiner Nacherben, der nicht Hoferbe werden konnte, zum Lebensunterhalt eingerichtet, zumal zum Hof ein großer Waldbestand gehörte.

Auch eine mittelalterliche Kornmühle in unmittelbarer Hofnähe wurde vom Aarbrocksbach angetrieben. Heute ist die Kornmühle in die Hofanlage eingegliedert und dient als Speicher.

In der Chronik zum 1000jährigen Bestehen von Harsewinkel wird die Verbundenheit mit dem seit der Bruktererzeit bekannten Hof Meier Osthoff hervorgehoben.

Vermutlich im Jahre 809 gründete der erste Bischof von Münster, der Hl. Luidger die Pfarre, und um die Pfarrkirche und den bischöflichen Haupthof entwickelte sich der Ort Harsewinkel.

Anno 1050 wird die Grundherrschaft Harsewinkel im Heberegister des Klosters Freckenhorst aufgeführt. Anno 1185 erfolgte eine Übereignung an das in Harsewinkel neugegründete Kloster Marienfeld.

Die Sägemühle in Harsewinkel arbeitet noch mit Wasserkraft (Turbine).

Harsewinkel war Grenzort des Fürstbistums Münster zu dem Fürstbistum Paderborn und wie damals üblich, standen an den Wegen Zollbäume. Einer dieser Zollbäume stand am Grenzhof Meier Osthoff.

Auch in der 1688 erlassenen Verfügung des Fürstbischofs von Münster zur Versorgung der Armen wird der Hof Meier Osthoff als einer der eingeteilten bischöflichen Höfe erwähnt.

Im Zuge der Stein-Hardenbergschen Reform löste die Familie Meier Osthoff die dem Gut aufliegenden Reallasten ab und erwarb den Hof zum Eigentum.

105 *Robergs Wassermühle in Harsewinkel*

Die Wassermühle liegt am Ortsrand von Harsewinkel an der Lutter. Als es noch Lehnsuntertänigkeit gab, gehörte die Anlage zum Kloster Marienfeld. Im Rahmen der Mühlenfreiheit und der Stein-Hardenbergschen Reform übernahm der Erbpächter Baumhöfer das Anwesen 1834 zu Eigentum.

Ursprünglich bestand die Anlage aus einer Kornmühle und einer Bokemühle. Bis 1904 lieferten Wasserräder die benötigte Energie für den Mühlenbetrieb, dann wurde für die Kornmühle eine Wasserturbine installiert, die den Antrieb für die Mahlgänge, aber auch den Antrieb für die Erzeugung von Lichtstrom hergab.

Damals war Harsewinkel noch nicht an ein Stromversorgungsnetz angeschlossen. Es gab nur drei Straßenlaternen, und in den Häusern brannten trübe Öllämpchen. Der unternehmerische Müller räumte die Bokemühle aus und ließ eine zweite Wasserturbine einbauen. Er funktionierte die ehemalige Bokemühle zu einem Kleinkraftwerk um, von dem aus 1908 750 Glühlampen in Haushalten und 30 Straßenlaternen versorgt wurden. Natürlich hatten die Lampen nach unseren heutigen Helligkeitsansprüchen einen extrem niedrigen Stromverbrauch. 1913 erhielt Harsewinkel Anschluß an das Stromnetz des Versorgungsunternehmens; das Kleinkraftwerk wurde unrentabel.

Die Kornmühle schrotet noch heute mit der Kraft der Wasserturbine die Futtermittel für den Verkauf. Das Klein-Wasserkraftwerk in der ehemaligen Bokemühle arbeitet seit 1986 wieder und speist den erzeugten Strom von der Wasserturbine in das Netz der VEW ein.

Die Robergsmühle arbeitet auch noch mit Wasserkraft (Turbine).

106 *Die Schloßmühle in Rheda*

Das vom Wasser der Ems umflossene Schloß Rheda hat sich aus einer Motte (Turmburg auf künstlich erhöhtem Erdhügel) entwickelt und wurde spätestens im 13. Jahrhundert auf die heutige Ausdehnung als Wasserburg vergrößert. Im 18. Jahrhundert erfolgte der Umbau zum Schloß. Eigentümer ist Fürst M. C. zu Bentheim-Tecklenburg-Rheda. Zum Schloß gehört eine Wassermühlen-Doppelanlage.

Die Kornmühle ist ein 1772 errichteter Fachwerkbau unter einem Krüppel-Walmdach, der heute als Wohnung und Büro genutzt wird. Er liegt an einem Wehr an der Ems, nahe der Zufahrt zum Schloß. Dem Wehr gegenüber liegt die Ölmühle.

Im Mittelalter befand sich die Mühlenanlage weiter unterhalb der heutigen Anlage auf dem Erbe tor Wish. Ihre Einkünfte standen dem Freirichter zu.

Das Wehr mit dem 5 m hohen unterschlächtigen Mühlenrad der Kornmühle ist noch komplett erhalten.

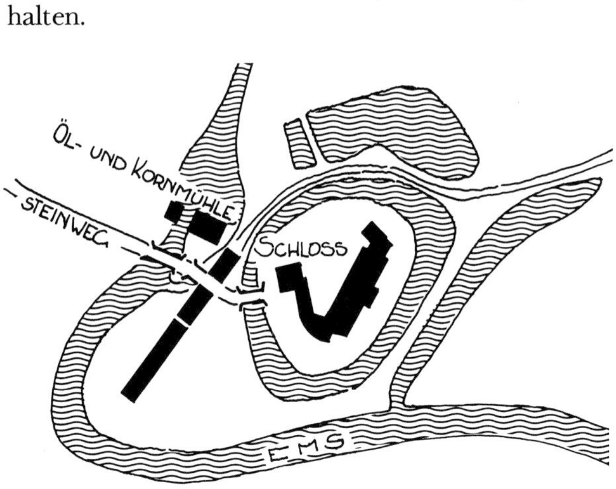

Lageplan Wasserschloß in Rheda mit Mühlenanlage.

Die Schloßmühle in Rheda.

Literatur- und Quellenverzeichnis

Barlage, Architekt: Alte Wassermühlen am Gorbach – Nordkirchen 1985
Bielefeld, Ludwig: Dülmen und seine Siedelstätte, Dülmen 1912/16
Bielefeld, Ludwig: Festschrift zur 600jährigen Jubelfeier der Stadt Dülmen, Dülmen 1911
Böcking, Werner: Die Römer am Niederrhein und in Norddeutschland, Frankfurt a. M. 1974
Börsting, Heinrich: Geschichte des Bistums Münster, Bielefeld 1951
Brandt, Reinhard: Haus Coerde 1022–1976
Brathe, Heinz: 650 Jahre Stadt Dülmen, Dülmen 1961
Breider, Theo: Führer durch das Mühlenhof-Freilichtmuseum Münster. Münster 1981
Bruens, Albert: Die Telgter Emsmühlen Telgte 1976
Büker, Mechthild: Die Große Teichsmühle zu Dülmen, Dülmen 1951
Dorpe, Franz; Weskamp, Albert: Beiträge zur Geschichte des Kreises Coesfeld, München 1913
Deppenkemper, P. Anton: Erd- und Vorgeschichtliches im Raume Haltern, Haltern 1956
Dittgen, Willi: Gemeinde Hünxe an der Lippe, Neuss 1983
Dorider, Adolf: Entwicklung des Mühlenwesens in der Grafschaft Mark, Witten 1911
Endejan, Hubert: Heimatbuch Velen 1985
Everz, Heinrich: Coesfelder Erinnerungen, Coesfeld 1977
Fischer, Bernd: Münster und das Münsterland, Köln 1982
Fischer, Bernd: Wasserburgen im Münsterland, Köln 1982
Fröde, Edelgard und Wolfgang: Windmühlen, Köln 1981
Führer zu vor- und frühgeschichtlichen Denkmälern, Münster – Westliches Münsterland – Tecklenburg, Bd. 45, Teil I und II, Mainz 1980
Geers, Dietmar: Bauernhöfe im Münsterland, Münster 1965
Glässer, Ewald: Der Dülmener Raum, Bad Godesberg 1968
Glässer, Ewald: Ländliche Siedlung und Wirtschaft des Kreises Coesfeld in Vergangenheit und Gegenwart, Dülmen 1971
Glässer, Ewald: West- und Kernmünsterland, Münster 1973
Gleisberg, Hermann: Triebwerke in Getreidemühlen, Düsseldorf 1970
Göllmann, Carl: Die Karthaus bei Dülmen, Dülmen 1975
Handatlas von Westfalen, Münster 1975
Hölker, Hugo: Bericht zu Wassermühlen in Lembeck
Hartmann, Josef: Geschichte der Provinz Westfalen, Berlin, Leipzig, Stuttgart 1912
Heimatverein Reken e. V.: Das Rekener Land, Köln 1977
Hellberg, Rolf: Kleine Geschichte Deutschlands, Berg 1981
Hömberg, Albert-K.: Westfälische Landesgeschichte, Münster 1967
Hömberg, Albert-K.: Wirtschaftsgeschichte Westfalens Münster 1968
Hüer, Hans: Geschichte der Stadt Coesfeld, Münster 1947
Ilisch, Peter / Knüppel, Karl: Die Geschichte der Wassermühle zu Billerbeck 1972
Jahrbuch Kreis Coesfeld 1982, Coesfeld 1982
Jakob, Eduard-H.: Sechstausend Jahre Brot, Hamburg 1959
Jentsch-Minge, Brigitte: Schloßmühle Burgsteinfurt 1960
Kalesky, Günther: Von Wasserburg zu Wasserburg, Lüdinghausen 1980
Kirchhoff, Karl-Heinz: Borken – Stadt seit 1226, Borken 1980
Kleeberg, Wilhelm: Niedersächsische Mühlengeschichte, Hannover 1979
Kock, Karl; Schäfer, Philipp: Halterner Heimatblätter, verschiedene Jahrgänge
Kohl, Wilhelm: Westfälische Geschichte, Bild- und Dokumentarband, Düsseldorf 1982
Kohl, Wilhelm: Westfälische Geschichte, Bd. I, II, Düsseldorf 1983
Krakhecken, Maria: Die Lippe, Münster 1939
Kreisheimatverein Coesfeld e. V.: Geschichtsblätter des Kreises Coesfeld, 1.–7. Jahrgang, Coesfeld 1976–1982
Kreis Borken: Der Kreis Borken, Stuttgart 1982
Kreis Borken: Technische Denkmäler 1983
Kreis Recklinghausen: Der Kreis Recklinghausen, Stuttgart 1979
Kreutzer, Gerd-Wilhelm; Brathe, Heinz: Dülmener Heimatblätter, verschiedene Jahrgänge
Landschaftsverband Westfalen-Lippe: Köln–Westfalen 1180–1980, Lengerich 1980
Landkreis Coesfeld 1816–1966, Der: Landkreis Coesfeld, Coesfeld 1966
Lammers, Heinz: Lette, Lette 1974
Lutter, Heinz: Beiträge zur Geschichte Schermbecks, Schermbeck 1981
Messen und Wiegen: Greven 1977
Michel, Werner: Gedanken zum Heubachausbau, Dülmen 1962
Müller-Rensmann, Josef: Das Stevertal und seine Mühlen, Lüdinghausen, o. J.
Müller-Wille, Wilhelm: Westfalen, Landschaftliche Bindung und Ordnung eines Landes, Münster 1952
Oppel, Hans Dr.: Königsmühle in Bocholt 1983
Raum Lippramsdorf, Der: Recklinghausen 1982
Rolevinck, Werner: Das Buch zum Lobe Westfalens (1474), Münster 1982
Rothert, Hermann: Westfälische Geschichte, Bd. I–III, Gütersloh 1976
Sachsenspiegel: Reclam, Stuttgart 1977
Schaefer, Philipp: Geschichte der Stadt Haltern, Haltern 1939
Schepers, Josef: Haus und Hof Westfälischer Bauern, Münster 1980
Schneider, Wolf: Überall ist Babylon, Düsseldorf 1960
Schnieder, Stephan: 650 Jahre Stadt Lüdinghausen; Lüdinghausen 1958
Schott, Wilhelm: In einem kühlen Grunde, Bilder verschwundener Mühlen, München 1978
Schnurbein, Siegmar von: Die Römer in Haltern, Münster 1979

Schwarz, Alois; verschiedene Beiträge zu: Sythen – Landschaft, Geschichte, Brauchtum, Heimatverein Sythen 1979
Schwarz, Alois: Alte Mühlen im südwestlichen Münsterland, Heimatverein Sythen 1983
Seul, Elke: Alte Mühlen und Höfe in Mittelhessen, Gießen 1982
Siuts, Hinrich: Bäuerliche und handwerkliche Arbeitsgeräte in Westfalen, 2. Auflage Münster 1989
Stuart, Piggott: Die Welt, aus der wir kommen, München-Zürich 1961
Stadtarchiv Münster: Sammelmappe Zeitungsausschnitte über Mühlen
Terhechte, Franz: Dipl.-Ing., Architekt in Rheine: Die Emsmühle, Vortragskonzept 1987
Verein für Altertumskunde und Heimatpflege Haltern e. V.: Chronik der Stadt Haltern von 1839, Haltern 1979
Vestischer Kalender 1983: Ringleb, Franz: Aus der frühen Vorgeschichte im Vest, S. 197–202, Recklinghausen 1983
Vestische Zeitschrift: verschiedene Jahrgänge
Westbeld, Harald: Kleinwasserkraftwerke im Emsgebiet, Diplomarbeit 1985
Weskamp, Albert: Geschichte der Stadt Dülmen, Dülmen 1911
Westfälische Forschungen: Münster, verschiedene Jahrgänge
Westfälisches Freilichtmuseum Hagen, Braunschweig 1980
Wolff, Hans Dietmar: Information über die Emsmühle Warendorf 1987
Wübbe, Walter: Klima und Wetter im Südwestmünsterland, Heimatverein Sythen 1983

Bildnachweis

Fritsche: Einband vorn, vorderes Vorsatzpapier (Mühlenkarte), Seite: II/III, VIII, 2, 18, 21, 28, 29, 58, 59, 60, 61, 62, 66, 67, 68, 69 links und rechts oben, 70 links, 71 oben, 73 oben, 74, 75, 77, 78, 79, 80, 81, 82, 83 oben, 84 oben, 85, 86, 87, 89 oben, 91 rechts, 92 unten, 93, 94, 95 rechts, 97 oben, 98 rechts, 99 rechts oben, Mitte, unten, 102, 119, 120, 130, 133, 136, 138, 139, 140 unten, 141, 144 oben, 149 rechts, 154 oben, 155, 160, hinteres Vorsatzpapier, Einband hinten.
Schibath: Seite: 5, 6, 7, 10, 20, 22, 36, 48, 57, 63, 64, 65, 69 rechts unten, 70 rechts oben, 71 unten, 72, 76, 83 unten, 88, 89 unten, 90, 91 links, 92 oben, 95 links, 96, 97 unten, 98 links, 99 links beide, 103, 104, 105, 106, 107, 108, 109, 110, 111, 112 oben, 114, 115, 118, 121, 122, 123, 125, 126, 127, 128, 129, 131, 132, 134, 135, 137, 140 oben, 142, 143, 144 unten, 145, 146 unten, 147, 148, 149 links, 151, 152, 154 unten, 156, 157.
Peter Schwarz: Zeichnungen im Text.
Behlert: Seite 31, 32, 33, 34, 35, 38.
Archiv *Alois Schwarz:* Seite 14 unten, 16 oben, 146 oben, 150.
Marquardt: Seite 113.
Familie *Erpenbeck:* Seite 73 unten.
Familie *Niesmann:* Seite 117.
Stadt Stadtlohn: Seite 84 unten.
Weichstiftzeichnung Seite 30: *Hermann Moog* (mit freundlicher Genehmigung von Frau Ruth Moog, Haltern-Holtwick).
Holzschnitte Seite 100, 101 und 153: *Heinrich Everz* (mit freundlicher Genehmigung von Frau Wüllner geb. Everz, Coesfeld).

Wellenbaum, mit Efeu umrankt, an Jannings Mühle in Leer.

Ausgebautes, vom Rost befallenes Turbinenrad an der Wassermühle Overmeyer in Halverde.

Windkraftanlagen an der Ostsee.